Héritier KYABENE MAKONGA

Estudo comparativo da avaliação individual e em grupo

AF550460

Héritier KYABENE MAKONGA

Estudo comparativo da avaliação individual e em grupo

O caso dos alunos do 6º ano do ensino secundário do Instituto Imani Panzi

ScienciaScripts

Imprint

Any brand names and product names mentioned in this book are subject to trademark, brand or patent protection and are trademarks or registered trademarks of their respective holders. The use of brand names, product names, common names, trade names, product descriptions etc. even without a particular marking in this work is in no way to be construed to mean that such names may be regarded as unrestricted in respect of trademark and brand protection legislation and could thus be used by anyone.

Cover image: www.ingimage.com

This book is a translation from the original published under ISBN 978-620-6-71964-9.

Publisher:
Sciencia Scripts
is a trademark of
Dodo Books Indian Ocean Ltd. and OmniScriptum S.R.L publishing group

120 High Road, East Finchley, London, N2 9ED, United Kingdom
Str. Armeneasca 28/1, office 1, Chisinau MD-2012, Republic of Moldova, Europe
Managing Directors: Ieva Konstantinova, Victoria Ursu
info@omniscriptum.com

Printed at: see last page
ISBN: 978-620-8-53330-4

Copyright © Héritier KYABENE MAKONGA
Copyright © 2025 Dodo Books Indian Ocean Ltd. and OmniScriptum S.R.L publishing group

EPIGRÁFICO

Vede como é bom e agradável quando os irmãos vivem juntos!

Salmos 133:1.

A Bíblia Sagrada, Darby.

Juntarmo-nos é um começo; mantermo-nos juntos é um progresso; trabalharmos juntos é um sucesso.

Henry Ford

Ao Criador do Universo, Deus omnipotente, Alfa e Ómega, aquele que nos fortalece e que, pela sua graça, nos permite fazer todas as coisas; perante a grandeza dos vossos benefícios, nós vos exaltamos, Senhor

É a tua vez,

Dedicamos este trabalho a si.

IN MEMORIAM

Nos últimos anos, perdemos pessoas queridas a quem dedicamos esta página:

- ☞ *Pais muito queridos e recordados por Deus, o papá Valentin KITAKUBILI MAKONGA e a mamã Georgette MITUNI KATAWANDJA,*
- ☞ *O irmão mais novo Fortune MAKONGA e a irmã mais nova Emérence MAKONGA,*
- ☞ *Os tios Bernard KYANDE MOLIGI e Issa KAMPENGE KATAWANDJA,*
- ☞ *Avós: Alexis MOLIGI KITAKUBILI, Clément KATAWANDJA KILIMO, Shelina MUMBYA FERUZI e Rose NYANDWI.*

Apesar de nos terdes deixado tão cedo, esperamos voltar a ver-vos um dia, pela Graça de Deus, e agora dizemos:

Paz para as vossas almas!

AGRADECIMENTOS

Sendo o homem um animal social, não foi fácil levar a cabo este trabalho sozinho. Por isso, é para mostrar a nossa gratidão àqueles que nos ajudaram que dedicamos esta página. Em primeiro lugar, às autoridades académicas da USK/Bukavu em geral e às da FPSE em particular, por todos os seus esforços. Aos TCs. David Malala Ntambue e Gérard Mubangu Wa Kapala, respetivamente ditador e codiretor deste trabalho, que tudo fizeram para nos fornecer observações e orientações, sem as quais este trabalho não teria qualquer significado ou valor científico.

Ao Sr. Méschac Vunanga, coordenador provincial da ECP/SK e a toda a sua equipa por nos terem dado a oportunidade de realizar o nosso estágio dentro da referida estrutura e onde retirámos da fonte informações relativas ao PAP.

À direção do Institut Imani Panzi, aos professores desta escola e, em particular, ao Sr. Isaac Bwami e ao Sr. Marcelin (professores de francês) e também aos alunos da 6ª edição do MP e do CA 2016.

Por último, estamos gratos à nossa família e aos nossos amigos que, de uma forma ou de outra, apoiaram este trabalho e que nos trouxeram luz numa altura em que mais precisávamos dela.

Sendo a vossa lista tão longa, gostaríamos de expressar os nossos sinceros agradecimentos a todos aqueles que contribuíram sucesso da nossa carreira académica em geral e deste trabalho em particular. Só Deus vos recompensará por todos os vossos esforços.

Que Deus Todo-Poderoso vos abençoe!

ÍNDICE DE CONTEÚDOS

INTRODUÇÃO GERAL

Hanna Dumont, David Istance e Francisco Benavides (2010, p. 2) referem que, atualmente, é necessário *repensar o que se ensina, como se ensina e como se avalia a aprendizagem*.

Para responder à questão de como é ensinado, a Unicef (2009, p.23) defende que são os *métodos interactivos centrados na criança que tornam a aprendizagem agradável e entusiasmante para os alunos e melhoram a sua retenção, participação e resultados*. Estes métodos facilitam a criação de ambientes de aprendizagem abertos, caracterizados pela cooperação intragrupo e pela competição positiva entre os alunos. Estes novos métodos transformam o professor, de *fonte de todo o conhecimento* e de uma figura de autoridade temida, num *facilitador aprendizagem* e em alguém que ouve os alunos. Desta forma, os professores incentivam os alunos a assumirem a responsabilidade pela sua própria aprendizagem, de modo a que a motivação para aprender venha dos próprios alunos e não seja imposta do exterior. Por outras palavras, longe de serem simples observadores, os alunos tornaram-se verdadeiros actores da sua própria aprendizagem, especialmente porque desempenham um papel ativo no processo de ensino-aprendizagem.

Ao abordar a questão da *eficácia* da educação e/ou das escolas, Lumeka, citado por Gratien Mokonzi (2006, p.8), acredita que uma escola eficaz é aquela que fornece aos alunos conhecimentos básicos, ensina-os a ensinarem-se a si próprios, alimenta a sua criatividade e apoia todo o seu ser. Reforçando este ponto de vista, Delors *et al*, citados por Mokonzi (Ibid.), afirmam que uma escola é eficaz quando *"proporciona uma educação que permite ao indivíduo descobrir, despertar e reforçar o seu potencial criativo... uma escola que permite a cada indivíduo compreender melhor o seu meio ambiente, nos seus vários aspectos, favorece o despertar da curiosidade intelectual, estimula o sentido crítico e permite decifrar a realidade adquirindo autonomia de julgamento"*.

Para o efeito, Delors *et al* (1998. pp.83-84) falaram de quatro competências fundamentais que constituem os *pilares do conhecimento* que, uma vez aplicáveis na vida de um aluno, tornarão a sua escola eficaz:

- ✓ *Aprender a conhecer* (adquirir os instrumentos para compreender) ;
- ✓ *Aprender a fazer* (ser capaz de atuar sobre o ambiente) ;

- ✓ *Aprender a viver em conjunto* (participar e cooperar com os outros em todas as actividades humanas e, em última análise, *viver em harmonia com os* outros).
- ✓ *Aprender ser* (que é um caminho essencial que contribui para os três anteriores). Acrescentam que estes pilares são indissociáveis, na medida em que existem múltiplos pontos de contacto, de sobreposição e de intercâmbio entre eles.

Parafraseando Micheline Bercier-Larivière e Renée Forgette-Giroux (1999, p.169), a pedagogia tradicional, caracterizada pela transmissão de conhecimentos e pela seletividade dos melhores alunos, está a desaparecer progressivamente. Consequentemente, acrescentam Micheline Bercier-Larivière *et al* (Ibid., p. 177), a avaliação evolui e adapta-se às novas filosofias do sistema educativo, às novas teorias de ensino e de aprendizagem que adopta e às missões que se propõe. Mais tarde, numa tentativa de tornar a avaliação transparente, estes autores sublinharam a necessidade de participação, discussão e apropriação pelos alunos dos vários aspectos da avaliação das suas aprendizagens.

Para Gratien Mokonzi (2009, p. 121), a avaliação das aprendizagens anteriores é uma das cinco competências esperadas de um professor profissional na sala de aula. E acrescenta (2015a, p. 3) que a avaliação é um instrumento precioso no processo de ensino-aprendizagem. Este facto faz tanto mais sentido quanto, como referem a Unesco (2014, pp. 279 e 287-288), Joutard e Thélot e Marc Romainville (2002, p. 43), a avaliação é o "*efeito de espelho*", ou seja, permite aos intervenientes no processo de ensino-aprendizagem ver claramente o que acabaram de fazer. Por outras palavras, ao atuar como um espelho, a avaliação permite que os professores e os alunos tenham uma visão precisa ou clara do que fizeram, de modo a poderem modificar as suas práticas, se necessário, para as tornar mais eficazes.

Para tal, Abernot, citado por Nasser Aboubaker (2009), sublinha que, no final de cada tarefa de aprendizagem, a avaliação deve ser utilizada para informar as partes envolvidas no processo de ensino-aprendizagem sobre o nível ou grau de domínio alcançado pelo aluno e para ajudar as duas partes a descobrir a que nível e em que áreas o aluno ainda tem dificuldades. Isto permite-nos compreender que a avaliação permite otimizar o processo de ensino-aprendizagem, sobretudo porque torna visíveis os pontos fortes e fracos do referido processo, de modo a que os dois intervenientes possam conceber outras estratégias para responder aos desafios.

Uma vez que a avaliação está ao serviço do processo de ensino-aprendizagem, é evidente que deve, ipso facto, ser sustentada pelo método de ensino que conduz o processo em questão.

De acordo com o que acaba de ser dito, e tendo em conta as opiniões defendidas por numerosos intervenientes no domínio da educação e da infância, entre os quais a Unesco (2005 e 2006), a Unicef (2009), o MINEPSP (2010 e 2012), investigadores como Gratien Mokonzi e Christian Grêt (2006 e 2009), etc., para quem a aplicação de uma pedagogia que preconiza a participação ativa, a cooperação ou a colaboração é hoje um imperativo para a eficácia da escola e da criança. para quem a aplicação de uma pedagogia que preconiza a participação ativa, a cooperação ou a colaboração é hoje em dia um imperativo para permitir que as escolas e as crianças se tornem mais eficazes.

Com isto em mente, Aline Germain-Rutherford, da Universidade de Ottawa, escreve o seguinte: *Se quer mudar alguma coisa no processo de aprendizagem dos seus alunos, então mude os seus métodos de avaliação*

O Ministère de l'éducation, du loisir et du sport de Québec (2006, p. 46) propõe as seguintes práticas de avaliação para promover o desenvolvimento das competências

- Foco na regulamentação ;
- Incentivar os alunos a trabalhar em conjunto e
- Utilizar instrumentos de avaliação adequados

Gérard Mubangu (2015, p. 159) salienta que o carácter seletivo e individual da avaliação está a desaparecer gradualmente onde quer que o PAP seja aplicado, em favor da avaliação em grupo.

O sistema avaliação individual que caracteriza as escolas congolesas em geral, e as da cidade de Bukavu em particular, exige um estudo comparativo entre a avaliação individual e a avaliação em grupo, a fim de identificar qual delas contribui melhor para os resultados dos alunos nas escolas.

A observação destes dois tipos de avaliação leva-nos a colocar a seguinte questão: *a avaliação em grupo tem uma influência significativa nos resultados dos alunos do ensino secundário em Bukavu?*

Tendo em conta a questão anterior, prevê-se a seguinte resposta: *a prática da avaliação em grupo tem uma influência significativa nos resultados académicos dos alunos.* Por outras palavras, a *aplicação do modelo construtivista social na avaliação dos alunos permite-lhes obter melhores resultados do que quando trabalham sozinhos ou individualmente.*

A escolha deste tema baseia-se no facto de *a avaliação das aprendizagens anteriores* ser um elemento crucial no processo de ensino-aprendizagem. Agora que foi aplicada de duas formas na sala de aula, é importante comparar as duas para descobrir qual é mais eficaz do que a outra.

Digamos que o interesse deste trabalho é duplo, especialmente porque permite ao estudante investigador combinar as teorias aprendidas não só em relação à metodologia de investigação, mas também (e sobretudo) as de outras disciplinas que são relevantes para o tema tratado. Para além desta dimensão, este trabalho é também um contributo para a melhoria do sistema de avaliação das aprendizagens nas escolas congolesas em geral e em Bukavu em particular.

Em suma, para além de pôr em prática as várias noções aprendidas na audiência, este trabalho dá óculos a qualquer ator que intervenha no sector educativo, na medida em que lhes permite perceber o desempenho do trabalho de grupo no processo de avaliação dos resultados dos alunos.

Em termos gerais, realizar este estudo significa compreender a eficácia da prática do PAP no processo de avaliação dos resultados de aprendizagem dos alunos. Ou, muito simplesmente, é compreender a influência que o MPAP, na sua aplicação na avaliação, pode ter nos resultados dos alunos.

Especificamente, uma vez corroborada a hipótese formulada, o objetivo é compreender a que nível esta pedagogia influencia o processo de avaliação da aprendizagem. Trata-se de verificar, ao nosso nível, a necessidade da PAP que outros especialistas em educação atribuem a esta nova abordagem pedagógica. Em suma, o objetivo é tornar clara a importância do PAP hoje nas práticas de avaliação nas escolas em Bukavu, em primeiro lugar, mas também em toda a RDC, se possível.

Para o efeito, a técnica documental e o método experimental (quase-experimentação) ajudaram o investigador a recolher os vários dados que são objeto deste trabalho. A técnica de seleção aleatória estratificada foi utilizada para selecionar a amostra.

Finalmente, para tratar os dados e quantificar os resultados, os índices de tendência central (no caso da média), de dispersão (variância, desvio-padrão e CV) e de desempenho são calculados antes de se efectuarem as comparações das médias. Estas comparações foram efectuadas através do teste t de Dunett.

Ter abordado o trabalho de grupo como um todo é difícil, se não impossível, dado o tempo disponível para esta investigação. Para além disso, as limitações relacionadas com os meios financeiros,... Estas e outras razões não mencionadas fizeram com que este tema fosse tratado em alguns aspectos particulares (espaço, tempo e tema). Assim, do ponto de vista espacial e temporal, este trabalho foi realizado no sector educativo protestante da província do Kivu Sul no ano letivo 2015-2016, especificamente no Institut Imani Panzi nas duas turmas do 6º ano do ensino secundário. Finalmente, no que diz respeito à delimitação temática, o MPAP ou PAP e a pedagogia tradicional (competitiva, selectiva, etc.) são confrontados na sua aplicação do processo de avaliação dos resultados dos alunos.

Para além da introdução e da conclusão, a obra compreende quatro capítulos:

- Pontos de referência conceptuais e teóricos em que serão claramente especificados *os conceitos-chave do* trabalho (avaliação, construtivismo, sócio-construtivismo, educação de qualidade e processo de ensino-aprendizagem); *modelos pedagógicos*; uma *visão geral do PAP, formas de avaliação da aprendizagem* e, finalmente, *alguns trabalhos anteriores* que influenciaram o presente trabalho serão apresentados em poucas linhas;
- Quadros metodológicos em que são apresentados todos os pormenores da aplicação dos diferentes métodos e técnicas para permitir que o estudo atinja os seus objectivos;
- Apresentação e tratamento dos dados e interpretação dos resultados, que inclui um ponto sobre a apresentação dos dados recolhidos e outro sobre o tratamento ou análise desses dados e a interpretação dos resultados da análise e, por último
- Discussão dos resultados, na qual os resultados obtidos são comparados e/ou apoiados pelas ideias de grandes educadores, pedagogos, etc.

Capítulo 1: ANTECEDENTES CONCEPTUAIS E TEÓRICOS

Neste capítulo, são desenvolvidos cinco pontos em particular: a definição de conceitos-chave, uma visão geral dos modelos pedagógicos, a PAP, a avaliação dos resultados da aprendizagem e, finalmente, são apresentados alguns estudos anteriores.

1.1. DEFINIÇÃO DE CONCEITOS-CHAVE

Comecemos por salientar que uma palavra pode ser definida de diferentes formas, consoante o domínio de investigação. Vale a pena salientar que as poucas palavras-chave do nosso tema serão definidas no âmbito das ciências da educação.

1.1.1. Avaliação

Para Jean Mari de Ketele, citado por Franc Morandi e René la Borderie (2006, p.121), *avaliar significa fazer um juízo de valor sobre a adequação de um conjunto de informações e de um conjunto de critérios em relação a um objetivo, a fim de tomar uma decisão.* Estes autores referem que a avaliação pode incidir sobre uma variedade de domínios, incluindo *o desempenho dos alunos, a eficácia de um programa de formação ou de um método de ensino, a avaliação dos conhecimentos a nível nacional (*TENAFEP e EXETAT*) ou internacional (*para a educação comparada, PASEC, por exemplo) *e ainda o funcionamento do sistema educativo.* Como salienta Françoise Campanale (2001, p.2), a avaliação não se limita a um produto (o que o aluno alcançou), mas também ao processo (a abordagem utilizada).

1.1.2. Construtivismo

Para Henriette Bloche *et al* (1999, p.209), trata-se de uma posição teórica sobre a ontogénese que considera o desenvolvimento, seja ele biológico, psicológico ou social, como a construção de determinadas organizações de relativa estabilidade que se sucedem no tempo. As teorias construtivistas são teorias do desenvolvimento estrutural.

1.1.3. Sócio-construtivismo

Na sequência do movimento construtivista, o sócio-construtivismo, desenvolvido por Lev Semenovitch Vygotsky, incorpora, como o próprio nome indica, a *dimensão social.* A perspetiva socioconstrutivista sublinha o papel das múltiplas interações sociais na construção do conhecimento e propõe que a aprendizagem seja considerada como uma participação ativa em actividades em situações da vida real, interagindo com os outros. O sócio-construtivismo baseia-se, portanto, nos seguintes princípios

- ✓ A cabeça de um estudante nunca está vazia de conhecimentos;
- ✓ A aprendizagem não se faz por acumulação de conhecimentos ou de forma linear;
- ✓ A interação social entre os alunos pode contribuir para a aprendizagem;
- ✓ Os alunos dão significado ao conhecimento se este parecer ser uma ferramenta essencial para resolver um problema.

1.1.4. Educação de qualidade

É evidente que o conceito de *educação de qualidade* é difícil e, por vezes, impossível de definir, tanto mais que é complexo e varia em função das condições e expectativas do contexto em que se insere. Por exemplo, o Quadro de Diagnóstico da Unesco - Análise da Qualidade da Educação Geral citado pelo Fórum Europeu da Juventude (2013, p. 6) diz o seguinte sobre o assunto: *a definição de educação de qualidade está intrinsecamente ligada a uma compreensão da finalidade da educação numa determinada sociedade, e à luz das necessidades de desenvolvimento existentes e das aspirações do indivíduo e da comunidade.* Esta fonte (Ibid., pp. 6-7) acrescenta que a educação de qualidade incorpora os seguintes princípios: *acessibilidade, equidade e inclusão, impacto na comunidade, participação dos alunos, paridade e reciprocidade na relação educador-aluno, cooperação e complementaridade, e apoio.*

Por exemplo, Anastassis Kozanitis (2005a, p. 11) escreve que uma educação de qualidade é aquela que trata do *que fazer aos alunos* e de *como aprender* (mostrando como aprender).

Para além das duas perguntas propostas por Kozanitis, projectamos outros aspectos essenciais que se enquadram na regra 5W+1H, frequentemente utilizada pelos jornalistas, como referem André Giordan e Jérôme Saltet (2011, p. 23), segundo a qual 5W significa fazer perguntas (Quem?, O quê?, Quando?, Onde? e Porquê?) e 1H significa fazer a pergunta Como?

Em suma, para nós, definir uma *educação de qualidade* significa responder favoravelmente ou positivamente às seis questões acima mencionadas.

1.1.5. O processo de ensino-aprendizagem

Por processo de ensino-aprendizagem, entendemos uma sequência dialética de operações que implicam uma combinação de esforços do professor, por um lado, e do aluno, por outro, a fim de atingir os objectivos pedagógicos prosseguidos por uma dada sequência de ensino.

1.2. TEORIAS SOBRE MODELOS PEDAGÓGICOS

Por modelo pedagógico, Franc Morandi *et al* (op.cit, p.126) entendem uma coerência entre os objectivos educativos, uma conceção do conhecimento e as relações entre o professor e os alunos. Com base nestes modelos, os resultados escolares (ensino e aprendizagem) propõem *métodos* que reúnem os actores e definem as caraterísticas materiais, cognitivas e sociais de uma prática pedagógica.

Acrescentam que os modelos pedagógicos não são "instruções de utilização", mas soluções escolhidas para permitir que os alunos e os professores trabalhem em conjunto. São as lógicas possíveis para *aprender* e *ajudar os outros a aprender.*

De acordo com Anastassis Kozanitis (op.cit, p.1), os fundamentos teóricos das ciências da educação provêm da psicologia, da sociologia, da filosofia e das ciências cognitivas, entre outras. Esta diversidade de campos teóricos está na base das diferentes abordagens do ensino e da aprendizagem e pode, por vezes, ser confusa, na medida em que certos autores podem ser encontrados em mais do que uma corrente teórica. Gabriel Labédie e Guy Amossé (2013) e o IREM de Toulouse (s.d, p.1), na tentativa de responder à questão de *como promover a aprendizagem do maior número possível de alunos, sem prejudicar as aprendizagens futuras, no tempo disponível,* ajudam-nos a enumerar três grandes correntes ou modelos pedagógicos que se aplicam ao processo de ensino-aprendizagem. Estes modelos são: o modelo *transmissivo,* o modelo *behaviorista* e, finalmente, os modelos *construtivistas.*

1.2.1. O modelo transmissivo

Como salienta o IREM de Toulouse (Ibid.), este modelo, herdado dos métodos de ensino tradicionais, reduz *a aprendizagem ao registo na memória dos conhecimentos apresentados pelo professor*, como se esses conhecimentos estivessem impressos diretamente no cérebro do aluno, como um filme fotográfico. O ato de ensinar é central neste modelo porque é o professor que exprime, demonstra, constrói e estrutura o conhecimento. Não há nada a aprender quando o professor não fala ou não demonstra.

O aluno limita-se a ouvir atentamente e a receber o conhecimento na sua cabeça supostamente vazia. Este conhecimento é moldado a partir do exterior e tem de se adaptar às actividades de ensino e/ou de questionamento propostas pelo professor numa situação de comunicação colectiva e vertical.

O professor não pode cometer erros na sua apresentação e mesmo quando faz uma ou mais perguntas, o aluno deve dar uma resposta correta para mostrar que compreendeu perfeitamente. Em suma, neste modelo, o aluno encontra-se numa situação em que dois verbos são conjugados no presente, na primeira pessoa do singular, e o objetivo é *aprender* e *aplicar*, ou seja, "*eu aprendo/aplico*". Por outras palavras, depois de ter seguido o que o professor diz, só tem de o reproduzir tal e qual para mostrar que compreendeu.

Esquematicamente, o aluno é entendido da seguinte forma:

Figura 1. O modelo transmissivo

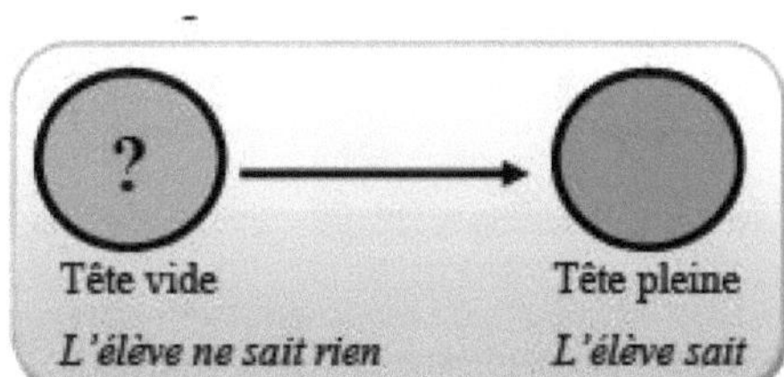

Fonte: Gabriel Labédie *et al* (op.cit)

1.2.2. O modelo behaviorista

Para Henriette Bloche *et al* (op.cit, p. 81), este modelo transmite a ideia de que a aprendizagem é o produto de acontecimentos externos, sendo o indivíduo passivamente submetido ao processo. Esta tendência remonta aos trabalhos psicológicos de John B. Watson nos EUA e foi posteriormente alargada à análise da aprendizagem humana e ao campo da educação.

Neste modelo, a aprendizagem é definida como a *capacidade de responder adequadamente a determinados estímulos*. Neste sentido, a aprendizagem é vista como um processo mecânico em que o comportamento do aprendente é determinado pelos reforços encontrados: *as boas respostas* são recompensadas e as *más* respostas são punidas e abandonadas. Em suma, trata-se de uma *aprendizagem por condicionamento*, que tende a suprimir a atividade mental do aprendente.

Para Gérard Barnier (s.d., pp. 5-6), os behavioristas consideram que as estruturas mentais são como uma caixa negra à qual temos acesso e que, por isso, é mais realista e eficaz concentrarmo-nos nos *"inputs"* e nos *outputs"* do que nos próprios processos. Este autor acrescenta que o comportamento de que falam os behavioristas não é uma atitude ou uma forma de estar do aluno, mas sim o sentido habitual da palavra quando dizemos que o aluno deve melhorar o seu comportamento. Isto implica que o aluno deve mostrar um comportamento positivo após uma sequência de ensino.

Para além dos trabalhos de J.B. Watson, os trabalhos de Skinner, Thorndike, etc. reforçaram este modelo pedagógico. A perceção que o aluno tem deste modelo é apresentada no diagrama abaixo:

Figura 2. O modelo behaviorista

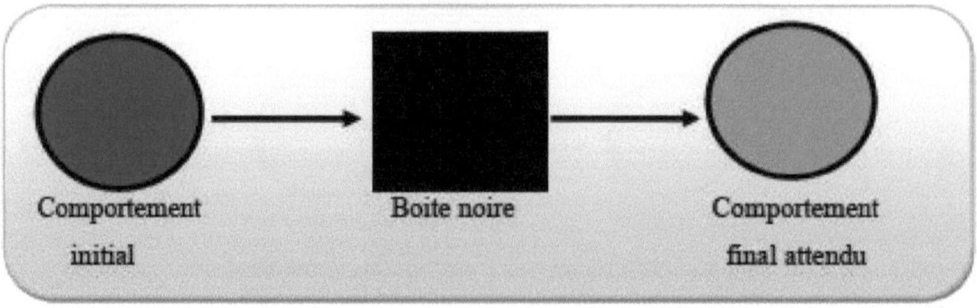

Fonte: Gabriel Labédie *et al* (op.cit)

1.2.2.1.*O construtivismo individual de Jean Piaget*

A esta corrente, basta recordar que o aprendente é o ator ou o construtor do seu conhecimento através do apoio do meio e do seu crescimento biológico. Para Piaget, como salienta o IREM de Toulouse (Ibid., p.4), *a assimilação* e *a acomodação* constituem dois pólos de adaptação inseparáveis para a construção do conhecimento. Para além destes aspectos, Isabelle Girault (2007, p. 18) acrescenta que o desenvolvimento se caracteriza pela passagem de uma estrutura a outra através do processo de *equilibração*. Ou seja, é através da assimilação e da acomodação que o equilíbrio é alcançado.

Em termos gerais, trata-se de :

Figura 3. A adaptação de Jean Piaget

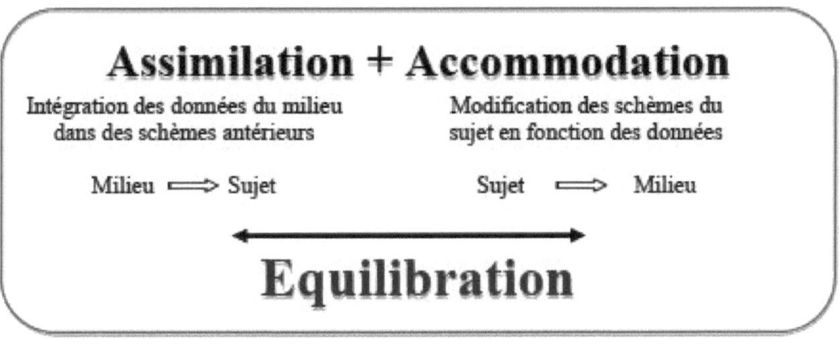

Fonte: Isabelle Girault (op.cit, p. 19)

1.2.2.2. *O construtivismo social ou sócio-construtivismo de L. S. Vygostki.*

Para além do aspeto individual ou pessoal defendido por Jean Piaget, Vygotsky, tal como descrito por Henriette Bloche *et al* (op.cit, p. 936), acrescenta que a criança deve estar num ambiente social para construir conhecimento. Graças ao seu trabalho, outros investigadores reforçaram mais tarde esta abordagem social do construtivismo. Entre estes autores contam-se : Perret-Clermont, Doise e Mugny citados por Joshua e Dupin, e retomados por Anastassis Kozanitis (op.cit, p. 12); Bruner citado por Gabriel Labédie *et al* (op.cit) e muitos outros investigadores.

O que é interessante é que, como salientam Céline Buchs, Katia Lehraus & Fabrizio Butera (2006, p. 177), todos estes investigadores que adoptam a abordagem construtivista social, onde a interação é possível, defendem que *as trocas* e *discussões entre alunos* em situações de aprendizagem interactiva promovem a aprendizagem digna dos alunos. Régis Le Coultre (s.d, p. 1), por exemplo, procura dar resposta à questão colocada *pelo modelo construtivista social: "Como é que o conhecimento é construído?* Ele assinala que a abordagem interaccionista, com Doise e Mugny como figuras emblemáticas desta abordagem, é uma extensão do trabalho de Vygotsky. Assim, conclui que o importante é que, em todas estas teorias, há a presença simultânea de vários membros a colaborar.

Régis Le Coultre (Ibid., p. 2) propõe o seguinte esquema para ilustrar este ponto:

Figura 4. A construção do conhecimento no sócio-construtivismo

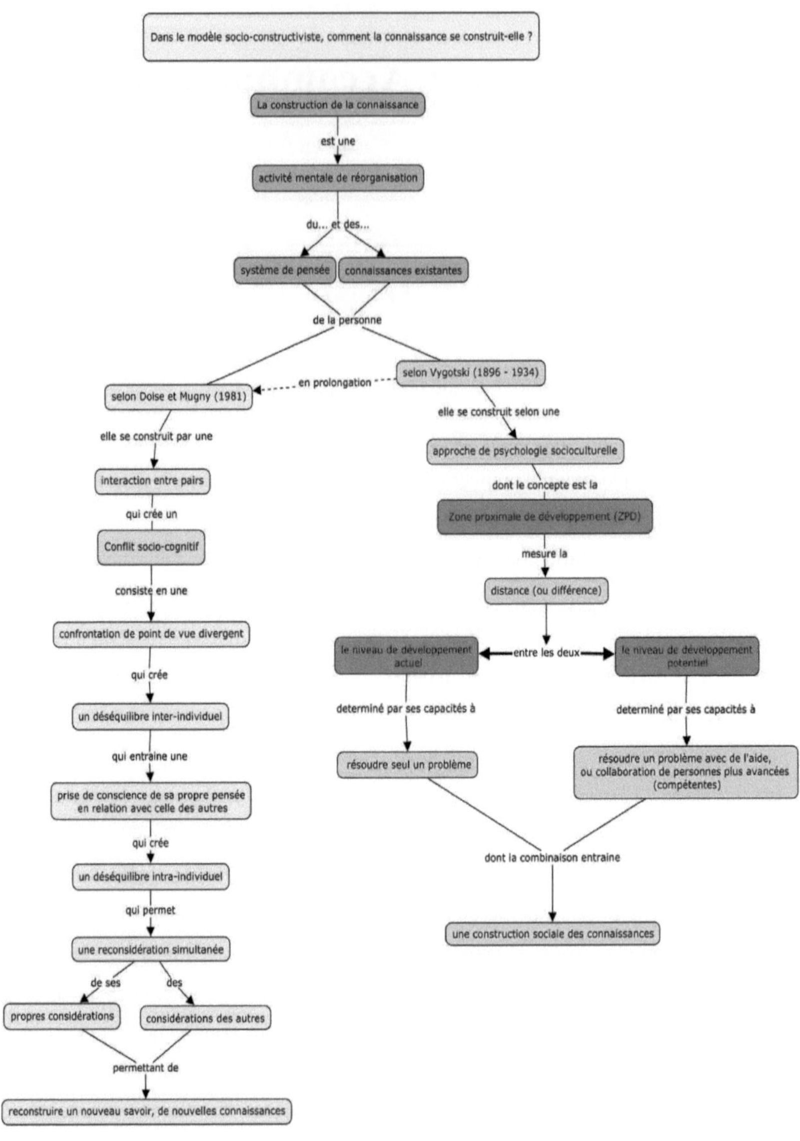

Conscientes de que a *situação interactiva* na sala de aula em que os alunos se confrontam é chamada a completar-se para atingir o objetivo, Céline Buchs *et al* (op.cit, pp. 189-190) defendem que há confrontos que não são benéficos para o processo de ensino-aprendizagem. No entanto, para organizar um trabalho de grupo eficaz, dizem Céline

Buchs, Laurence Filisetu, Fabrizio Butera e Alain Quiamzade 2004, p. 180), o professor, enquanto guia, deve :

- Sugira uma tarefa comum que possa ser realizada em grupo: se puder ser feita individualmente, não há razão para os alunos interagirem;
- Conseguir que um pequeno número de alunos trabalhe em conjunto;
- Oferecer actividades que ajudem a desenvolver o espírito de equipa e a confiança: é necessário criar um clima positivo antes de iniciar o trabalho propriamente dito, através de actividades que incentivem as pessoas a conhecerem-se, a respeitarem-se e a apoiarem-se mutuamente;
- Criar uma interdependência positiva entre os alunos: o objetivo comum deve ser estruturado de forma a que cada membro do grupo perceba que só pode atingir o seu objetivo se todos os membros do seu grupo também atingirem o seu;
- Manter a responsabilidade pessoal de cada membro do grupo: o objetivo é garantir que cada participante faça o seu melhor para realizar a sua parte do trabalho;
- Ensinar as competências sociais e interpessoais necessárias para o trabalho em grupo: não basta querer cooperar para saber como o fazer. Identificar uma competência social útil e depois trabalhar a forma de a pôr em prática (verbal ou não verbal);
- Faça com que os alunos reflictam sobre as suas competências académicas e sociais: esta reflexão incide sobre o que foi útil para fazer avançar o grupo e o que pode ser melhorado e, no final do dia, o que pode ser feito melhor.
- Reforçar os comportamentos cooperativos e as interações construtivas: o professor observa e dá feedback positivo sobre os comportamentos valorizados.

Neste sentido, Smith, Johnson David e Johnson Roger citam Fadi El-Hage (2013, p.1), para que a aprendizagem cooperativa tenha lugar, cada membro deve contribuir para a aprendizagem dos outros; assumir a sua parte do trabalho e pôr em prática as competências necessárias para que a cooperação seja efectiva.

Assim, de acordo com Anastassis Kozanitis (op.cit, p.12), o socioconstrutivismo requer três elementos didácticos inseparáveis para permitir que o indivíduo progrida:

- A dimensão *construtivista*: que se refere ao próprio aprendente,
- A dimensão *social* ou *socioeconómica*: envolver os parceiros da sala de aula (colegas e professor),

♣ A dimensão ou *ambiente interativo*: as situações e o objeto de aprendizagem (conteúdo pedagógico) organizado no âmbito dessas situações.

Isto leva-nos de volta à situação em que o aprendente tem de ser colocado numa situação em que tem de confrontar o que está dentro de si e o que os outros sabem, de modo a encontrar uma solução final. Esquematicamente, temos o seguinte:

Figura 5. Modelos construtivistas

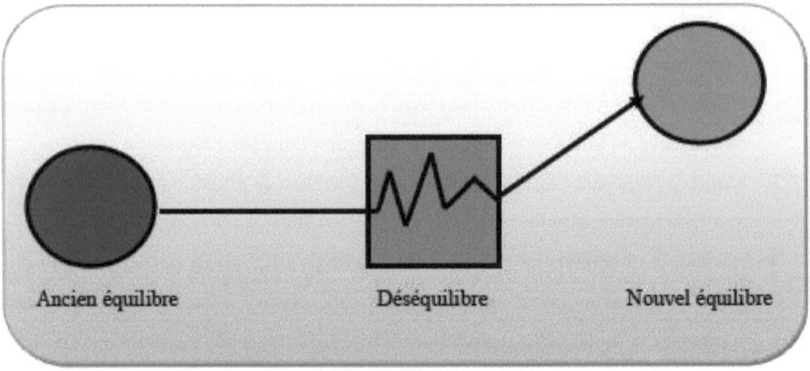

Fonte: Gabriel Labédie *et al* (op.cit)

O quadro seguinte resume os contributos destes dois eminentes psicólogos construtivistas.

Tabela 1. Contribuições dos psicólogos construtivistas.

Jean Piaget	Lev S. Vygotski
A aquisição é a construção	**A aquisição é uma dotação** O que importa é o significado social dos objectos. O sujeito sozinho perante o mundo não pode aprender nada.

O papel da linguagem no desenvolvimento do conhecimento é	**O papel da língua** no desenvolvimento do conhecimento é crucial
O desenvolvimento vem antes da aprendizagem (Conceção mentalista)	**A aprendizagem impulsiona o desenvolvimento.** Vygotski distingue duas situações: - Onde o aprendente pode aprender e realizar certas actividades sozinho, - Aquela em que o aprendente pode realizar uma atividade com o apoio de outra pessoa. Isto determina a sua *capacidade potencial de desenvolvimento.* Entre estas duas situações encontra-se a ZPD, na qual o indivíduo pode progredir graças ao apoio dos outros.
Ensino baseado na descoberta: a criança faz extrai os resultados das suas experiências e trata-os de uma forma subtil e interessante.	**Pedagogia da mediação**: o mediador intervém entre a criança e o seu ambiente. Numa determinada cultura, as crianças não podem redescobrir tudo por si próprias.

Fonte: Gabriel Labédie *et al* (Ibid.)

A lição que se retira destas duas teorias é a que Christian Grêt (n.d, op.cit) assinala quando diz que a abordagem individualista piagetiana e a abordagem social vygotskiana da apropriação do conhecimento favoreceram, no final do século XX, a emergência do *auto-construtivismo*, a última modalidade de aprendizagem, depois do imprinting ou imitação (transmissiva) e do condicionamento (behaviorista).

Para simplificar, Christian Grêt (2009, p. 148-149) explica os três modelos pedagógicos no quadro seguinte:

Tabela 2. Modelos de ensino

Modelos	Papéis dos estudantes	O papel do professor	Estado do erro	Posição de conhecimento	Limites do modelo
Transmissivo	Ouvir, prestar atenção e não procurar	Comunicar e demonstrar conhecimentos	Os erros devem ser evitados	Altifalante para o recetor	Aprende-se prestando atenção. Sem motivação
Comportamentalismo	Resolver tarefas preparadas pelo professor	Comunicar ou demonstrar conhecimentos	Os erros devem ser evitados. Eles deixam a sua marca.	O conhecimento é descoberto pelo aluno de acordo com um percurso pré-estabelecido pelo professor.	Falta de iniciativa por parte do aluno. Problemas de motivação
Construtivistas	Desenvolver os seus conhecimentos porque são colocados numa situação problemática	Sugerir situações problemáticas. Conduzir a fase de comparação dos resultados.	Os erros são aqui reconsiderados, uma vez que podem ser utilizados para sensibilizar para novos conceitos.	O conhecimento é construído pelo aluno	Michel Chastelin diz: este modelo é moroso. Será que tudo pode ser tratado desta forma?

Quanto ao que acaba de ser dito, parafraseando Gérard Mubangu (2014, p. 160), será importante fundir os modelos transmissivos e comportamentalistas no campo da abordagem *pedagógica tradicional*, tanto mais que todos eles consideram o aluno como um objeto sobre o qual o professor pode fazer o que quiser. Em suma, estes modelos colocam uma ênfase especial no professor em detrimento do aluno, que deve ser visto como o ator principal. Por outro lado, o construtivismo piagetiano e o de Vygotsky formaram um segundo campo que é a abordagem *PAP*, que considera a criança como o ator principal na construção do seu conhecimento através dos seus colegas e do professor que é o guia. Este facto é evidenciado no quadro seguinte:

Quadro 3. Resumo das abordagens pedagógicas

Abordagem PAP	Abordagem pedagógica tradicional
Construtivismo Os alunos constroem os seus próprios conhecimentos, know-how, competências interpessoais, competências futuras, etc. Sócio-construtivismo Os alunos desenvolvem os seus conhecimentos, o seu saber-fazer, as suas competências interpessoais, as suas competências futuras, etc., em grupo: troca mútua de experiências e de conhecimentos.	Transmissivo Carácter magistral: imitação, memorização do saber, tabula rasa, companheirismo, dogmática, método ex-cathedra, aula do mestre. Comportamentalista Condicionamento: modificação do comportamento
O paradigma da aprendizagem	O paradigma do ensino

Fonte: Gérard Mubangu (op.cit, p. 160)

1.3. PAP VISÃO GERAL

Antes de entrarmos em mais detalhes, devemos primeiro assinalar com Daniel Kambale (2015, p. 1) que esta pedagogia deriva do *autoconstrutivismo* de Jean Piaget (modelo individualista) e do *socioconstrutivismo* de Lev Semenovitch Vygotsky (corrente social) para o qual, sem contacto com os outros, a aprendizagem permanece embrionária.

Além disso, vale a pena mencionar a sua entrada na RDC que, de acordo com Gratien Mokonzi (2006, p.2), data apenas de 2005, quando foi realizada a primeira sessão de formação sobre o assunto para coordenadores provinciais e comunitários em Kinshasa. E, no que diz respeito à província do Kivu Sul, como salienta o Sr. Méschac Vunanga num documento sobre a avaliação do projeto *"promoção da gestão escolar e formação em PAP"*, só em 2011, a pedido da CP-ECP/SK, foi realizada a primeira sessão para professores e vários parceiros educativos sob a sua gestão. Nesta comunicação, constatamos que, desde a introdução desta abordagem na província, 630 actores educativos beneficiaram até agora de formação nesta abordagem, a maioria dos quais trabalha no sector protestante, incluindo professores, diretores e orientadores educativos, bem como alguns inspectores educativos.

1.3.1. E o PAP?

Para Christian Grêt (2006b, p.10), o PAP é um movimento que defende a participação ativa das crianças na sua própria educação. A principal inovação desta abordagem pedagógica é que "procura tornar o aluno *ativo,* baseia-se nos seus centros de interesse, esforça-se por encorajar *a cooperação* em vez da competição e favorece a *descoberta* em vez da apresentação".

Acrescenta que este método de ensino coloca os alunos em situações problemáticas e permite-lhes construir o seu próprio conhecimento. Os alunos são envolvidos em situações que lhes permitem utilizar as suas competências e desenvolvê-las ao longo do curso. Consequentemente, o papel do professor muda radicalmente em relação ao estilo transmissivo; encoraja a investigação dos alunos e facilita os seus confrontos quando trabalham em grupo. Em suma, com esta abordagem, o professor já não dá aulas, mas organiza os esquemas de aprendizagem que permitem aos alunos trabalhar e desenvolver os seus conhecimentos.

Os dois adjectivos (ativo e participativo) sublinham as dimensões fundamentais do ensino moderno. É *ativo* porque considera o aluno como o motor da sua própria aprendizagem, através das actividades que realiza para adquirir conhecimentos com o apoio do professor, que não passa de um *guia.* É também *participativo*, porque incentiva a criança a tomar parte na construção do seu próprio conhecimento. É de salientar que incentiva *o trabalho de grupo*, o que torna as crianças cooperantes.

Tendo em conta as reflexões de Jean Houssaye (1992, pp. 40-41) segundo as quais: "qualquer situação pedagógica parece-nos articular-se em torno de três pólos dos quais *conhecimento-professor-alunos*, mas, funcionando com base no princípio do terceiro excluído, os modelos pedagógicos que emergem centram-se numa relação privilegiada entre dois destes termos. Assim, quando se estabelece uma relação entre o professor e o saber, estamos a falar do processo *de ensino*; quando essa relação se estabelece entre o saber e o aluno, estamos a falar do processo *de aprendizagem*; e, finalmente, quando é entre o professor e o aluno, esse processo é o da *formação*

Para Grêt (s.d), a tendência atual (PAP) considera que toda a prática pedagógica é uma relação entre três elementos: o saber, o professor e o aluno. Lamentando aqueles que consideram que o PAP coloca erradamente o aluno no centro do processo de ensino-aprendizagem, apesar de o aluno ser apenas uma das partículas deste triângulo, Grêt salienta que é verdade que as outras duas componentes deste triângulo (professor e conhecimento) têm a sua importância particular e correlativa, mas esta opinião equivale a exigir que o aluno se torne o verdadeiro ator da sua aprendizagem, na medida em que a apropriação do seu conhecimento corresponde mais ao ideal de auto-aprendizagem sócio-construtivista. Para este efeito, Christian Grêt (2006a, p. 20) adapta o triângulo didático da seguinte forma:

Figura 6. Triângulo didático adaptado por Christian Grêt

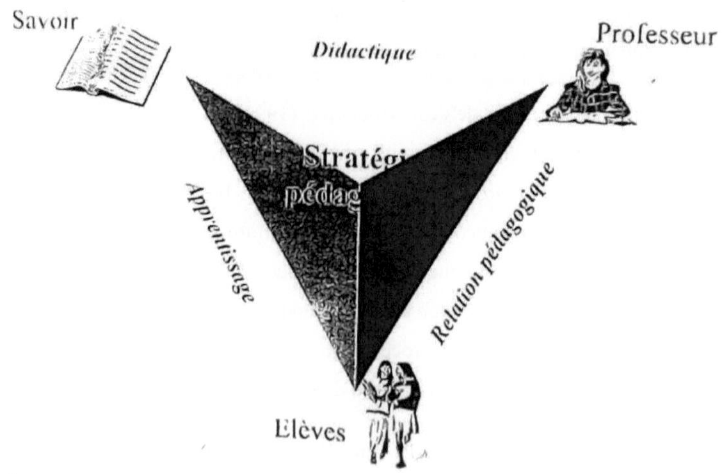

Tendo em conta este triângulo, estabelecem-se as seguintes relações para cada processo de ensino-aprendizagem: a relação de *aprendizagem* (entre o saber e os alunos); a *estratégia didática* ou *pedagógica* (entre o saber e o professor) e, por fim, entre o professor e os alunos, a relação *pedagógica* que, segundo Legendre citado por Anastassis Kozanitis (2015, p. 4), é o conjunto de interações cognitivas, afectivas e sociais entre alunos e professor, visando a aprendizagem e o desenvolvimento pessoal. Além disso, como parafraseia Gérard Mubangu e Honoré Birindwa M. (2015, p. 129), para Grêt, cada um dos dois actores deste processo deve estar envolvido em actividades específicas, nomeadamente :

❖ O professor deve :

✓ Gerir e dirigir estes grupos,

✓ Está a fazer um tipo de preparação muito diferente das que fez anteriormente. Ele estará agora a fazer perguntas como estas: Quais são as instruções? O que é que os alunos estão a fazer nos grupos?

✓ Avaliar os objectivos após cada sequência de aprendizagem, preparar situações problemáticas para serem resolvidas pelos alunos,

✓ Liderar o agrupamento dos resultados dos alunos.

- O aluno :

  - ✓ Desenvolver os seus conhecimentos,
  - ✓ Os alunos encontrarão conhecimentos adicionais nas ideias dos seus colegas e do professor,
  - ✓ Têm também de descobrir por si próprios nos documentos existentes (livros, manuais, Internet, etc.) o que os cursos não oferecem,
  - ✓ O aprendente já não é passivo, mas sim um investigador...

Neste sistema dinâmico e triádico, o aluno torna-se ator da sua própria educação. Trata-se de uma ação mais formativa do que informativa. Esta ação inspira-se nas teorias construtivistas, que defendem que quando o aluno se encarrega da sua própria formação, a aprendizagem é reforçada.

Para Silberman, citado Inspeção-Geral (2010, p. 3), o PAP consiste em dar aos alunos a possibilidade de conjugarem eles próprios, na primeira pessoa do singular, os seguintes verbos: ouvir, observar, discutir, fazer e ensinar.

- ***O que ouço**, esqueço-me;*
- *Do que ouço e **vejo,** lembro-me um pouco;*
- *Estou a começar a compreender o que estou a ouvir, a observar e **a discutir;***
- *O que ouço, observo, discuto e **faço** dá-me conhecimento e competência;*
- *O que **eu ensino a** alguém, eu domino.*

O MINEPSP (2012, pp. 26-27) acrescenta que esta abordagem assenta em quatro princípios pedagógicos: *a atividade, a participação, a antecipação* e a *cooperação da criança.*

- *Atividade:* quando os conhecimentos, atitudes ou competências do aluno estão ligados às suas necessidades. O objetivo é ensinar os alunos a aprender, a tomar decisões sobre as suas experiências e a agir.

Apoiando-se nos estudos de Vayer e Roncin, Dessus (2007) salienta que a *atividade* é organizadora no grupo na medida em que, se for bem especificada, os membros do grupo (alunos) estarão essencialmente preocupados com a tarefa definida e as dificuldades serão menores. Como salienta o autor, estes estudos mostraram que :

- Os indivíduos tendem a abdicar do seu julgamento e a depender dos autores quando se encontram em situações ambíguas ou confusas;
- O consenso, ou a consciência de sentimentos partilhados entre os membros de um grupo, desempenha um papel decisivo e poderoso na dinâmica de todos os grupos;
- O conflito e a agressão são inevitáveis e devem ser considerados como fenómenos dinâmicos devido à reorganização das informações que exigem dos protagonistas para que o grupo mantenha a sua coerência;
- Se houver objectivos comuns, há mais hipóteses de colaboração no seio do grupo;
- Se os objectivos tiverem sido definidos pelo grupo, os membros do grupo sentem-se mais envolvidos do que se tiverem sido definidos externamente;
- Uma vez tomada a decisão de estar e fazer em conjunto, quanto mais pequeno for o grupo, melhor funciona.

- *Participação*: neste aspeto, são os alunos que realizam a maior parte das actividades. Analisam, estudam ideias, resolvem problemas e aplicam o que aprendem.
- *Antecipação*: permite que os alunos actuem para fins presentes e futuros. Por outras palavras, os alunos devem considerar que as actividades escolares lhes permitem resolver problemas presentes e futuros.
- *Cooperação*: falamos disto para Dessus (idem), quando estamos interessados num tipo de trabalho em que os alunos se complementam uns aos outros e trabalham em pequenos grupos. Isto permite que os alunos aprendam juntos de uma forma complementar e mútua. Os alunos aprendem com objectivos comuns, recebem recompensas mútuas, utilizam recursos comuns e beneficiam de papéis complementares.

Para Hay, citado por François Le Menaheze (2002, p. 10), existe cooperação num grupo quando todos os membros coordenam as suas acções para atingir um objetivo comum, partilhando as diferentes tarefas e papéis necessários para o atingir através de sequências coordenadas que dependem da tarefa colectiva a realizar. Pierre-Yves Cusset (2014, p. 19) acrescenta que a aprendizagem cooperativa se baseia no trabalho em pequenos grupos heterogéneos. E, no seio do grupo, os alunos não são deixados à sua sorte: o trabalho é estruturado de forma a garantir que cada aluno participa efetivamente na realização da tarefa proposta. A cooperação pode ser conseguida encorajando a discussão de pontos de vista ou partilhando papéis no grupo que tornem os alunos verdadeiramente dependentes uns dos outros

O MINEPSP (op.cit, p.25) afirma ainda que esta abordagem é muito importante porque considera a criança como objeto, sujeito e principal agente da sua educação. Isto porque todo o trabalho educativo é em vão sem o apoio ou a participação da criança. Para o efeito, ajuda os alunos a :

- ✓ Desenvolver um espírito de curiosidade ;
- ✓ Reforço das lições; trabalho de equipa ;
- ✓ Alargar as oportunidades e o objetivo das suas vidas;
- ✓ Aplicar os seus conhecimentos para encontrar soluções para problemas pessoais e comunitários;
- ✓ Incentivar a colaboração e a interação entre eles, quer se trate de raparigas e rapazes ou de alunos de diferentes religiões e tribos.

1.3.2. Procedimento metodológico para as aulas PAP

Apesar da complexidade desta ferramenta pedagógica em termos da sua aplicabilidade na sala de aula, Christian Grêt (n.d, op.cit) e Gratien Mokonzi (2006, pp. 4-5) propõem quatro etapas principais: *apresentação da tarefa, trabalho individual e/ou em grupo, feedback ou pooling* e *síntese.*

1° Apresentação da tarefa

Nesta fase, é apresentada aos participantes a tarefa a realizar e as instruções que descrevem a natureza do trabalho a efetuar individualmente e/ou em grupo. Em suma, nesta fase, é importante especificar ou clarificar as instruções na medida do possível. Em termos simples, esta fase consiste em dar as informações necessárias aos aprendentes, iniciar a atividade e especificar as instruções para a realização da tarefa.

É importante acrescentar que é nesta fase que os métodos expositivo e ativo podem ser combinados. De facto, no momento da apresentação da tarefa, nomeadamente quando se trata de apresentar um novo conceito que é particularmente desconhecido para os aprendentes, o professor tem a liberdade de utilizar uma bela apresentação. Assim, como reconhece a didática moderna, o casamento entre o modelo transmissivo e os métodos activos é indicado no processo de ensino-aprendizagem.

2° Trabalho individual e/ou em grupo

Tendo em conta as instruções dadas na fase anterior, os alunos realizam o trabalho que lhes foi pedido individualmente e/ou em grupo. No caso do trabalho de grupo, é quase inevitável que os alunos se complementem através da discussão. Muitas vezes, os erros cometidos ou as dificuldades encontradas pelos alunos durante o trabalho individual são resolvidos durante o trabalho de grupo.

3° Feedback ou pooling

Depois de os alunos terem trabalhado em grupos, onde tiveram a oportunidade de comparar e contrastar as suas opiniões, segue-se normalmente a partilha de resultados. Trata-se de apresentar os resultados do trabalho de cada grupo à frente de todos. Acrescente-se que, para além dos resultados do trabalho dos grupos, o professor deve fazer registos parciais dos contributos de cada um dos alunos. Trata-se de um momento muito importante, em que ocorrem trocas frutuosas entre os alunos sob a égide do professor e em que os alunos aprendem efetivamente.

Grêt insiste na necessidade de dedicar tempo suficiente a esta fase, pois é o momento-chave para a descoberta do conhecimento e para uma verdadeira fecundação didática.

4° Resumo

A síntese, conduzida pelo professor, é a apresentação da solução do problema colocado no início. Muitas vezes, é o momento em que os alunos tomam consciência do trabalho efectuado, ou seja, percebem se a solução que encontraram é verdadeira ou falsa em relação ao problema.

Além disso, estes quatro passos são gerais para todos os métodos de PAP que podem ser usados. No entanto, cada método (desempenho do Grupo I, desempenho do Grupo II, etc.) aborda-os de uma forma particular.

Qualquer que seja o carácter participativo ou ativo da abordagem por competências preconizada por Xavier Roegiers (APC), Gérard Mubangu (2015, p. 164) permite distingui-la da abordagem preconizada por Christian Grêt. Apresenta-nos o quadro seguinte:

Tabela 4. Comparação entre PAP e APC

Métodos de ensino activos e participativos	Abordagem baseada em competências

Elementos de semelhança	
Construtivismo e sócio-construtivismo ; Desenvolvimento de competências: conhecimentos, saber-fazer, competências interpessoais, etc.	
Elementos de dissemelhança	
Aplicabilidade ao ensino geral e profissional ; As aulas são sempre dadas num ambiente de grupo,...	Particularmente aplicável ao ensino profissional; As aulas são por vezes dadas em grupo ou individualmente

1.4. VISÃO GERAL DAS FORMAS DE AVALIAÇÃO

Para além do facto de a avaliação ser um processo indissociável do processo de ensino-aprendizagem, a abordagem pedagógica que orienta o processo de ensino-aprendizagem impõe-se ipso facto à forma de avaliação. Referindo-se ao *desenvolvimento de uma variedade de avaliações internas*, a CNESCO (2014, p. 15) salienta que alguns países privilegiam *formas tradicionais de avaliação* (como em França), como os trabalhos de casa escritos, cujo conteúdo é deixado ao critério do professor, enquanto outros países defendem ou exigem, nos seus textos oficiais, a utilização de *novas formas de avaliação* comoInglaterra e Quebeque), como a autoavaliação, a avaliação pelos pares e o acompanhamento individualizado dos alunos. Nesta perspetiva, Annick Lavoie *et al* (2012, p. 6) salientam que é possível ter uma *avaliação em grupo* ou *individual*, tanto mais que alguns privilegiam a avaliação em grupo enquanto outros defendem a avaliação individual e não vêem qualquer conflito entre a avaliação individual e o ensino cooperativo. Mais uma vez, na ausência de princípios claramente estabelecidos e comprovados neste domínio, caberá ao professor optar entre a avaliação em grupo e a avaliação individual, em função dos objectivos de desenvolvimento de competências cooperativas e disciplinares visados e das actividades implementadas

Tendo em conta estes parâmetros, no presente trabalho, as formas de avaliação devem ser agrupadas de acordo com dois campos: avaliação de acordo com a abordagem tradicional e de acordo com a abordagem PAP.

1.4.1. Avaliação através de métodos pedagógicos tradicionais

Uma vez que este tipo de ensino privilegia a competitividade e a seletividade, a forma de avaliação aplicável não é outra senão a avaliação individual, que, segundo Paul Marie Konsebo e Sekhna Sylla (2015, p. 25), consiste em o professor entrevistar cada aluno do grupo/turma pelo seu nome ou individualmente, a fim de acompanhar os seus progressos no final das actividades realizadas.

1.4.2. Avaliação aplicável ao PAP

Como já foi referido, a PAP tem as suas origens nas teorias construtivistas de Jean Piaget e Lév Séménovitch Vygotsky, e os modelos de avaliação aplicáveis a esta abordagem têm-no em conta. É por isso que existe a autoavaliação (cf. construtivismo piagetiano) e a avaliação cooperativa (cf. sócio-construtivismo vygotskiano).

1.4.2.1. Autoavaliação

Para Françoise Campenale (2001, p. 23), trata-se de uma avaliação interna do sujeito sobre a sua própria ação e sobre o que ela produz. A isto podemos acrescentar a opinião de Nunziati, citada por Campenale (Ibid., p. 12), de que esta avaliação deve ser definida como um diálogo entre si e si próprio.

Como Broadfoot citado por Olivier Rey e Annie Feyfant (2014, p.28) salienta, *a autoavaliação não é apenas uma prática de avaliação, é também uma atividade de aprendizagem. É uma forma de encorajar os estudantes a refletir sobre o que aprenderam, a procurar formas de melhorar a sua aprendizagem e a planear o que lhes permitirá progredir enquanto aprendentes e atingir os seus objectivos. [...] Como tal, inclui competências de gestão do tempo, negociação, comunicação com professores e colegas e auto-disciplina, bem como reflexividade, pensamento crítico e avaliação.* Isto é idêntico à ideia de Linda Allal, citada por Campenale (op. cit., 12), para quem a autoavaliação não é uma avaliação no verdadeiro sentido, mas uma reflexão metacognitiva que desencadeia a autorregulação por parte do aluno. Permite ao aluno responder às seguintes questões: o que sei, o que posso fazer, como o faço e o que posso mudar?

Campenale resume a autoavaliação da seguinte forma:

Figura 7. Autoavaliação

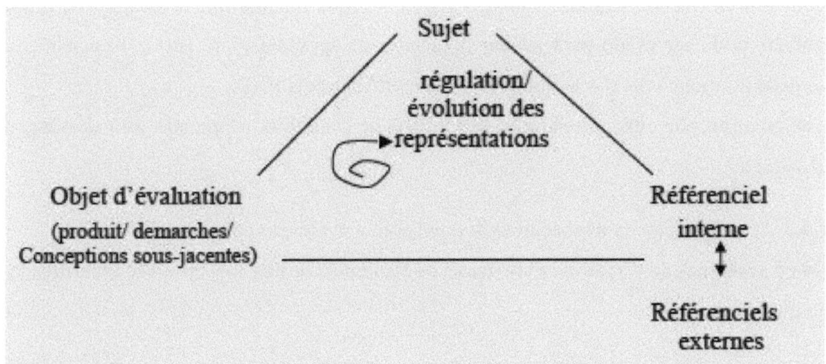

Por conseguinte, é de notar que isto faz parte da avaliação formativa, uma vez que permite que cada aluno tome consciência do seu próprio progresso.

1.4.2.2. Avaliação cooperativa ou interdependente

Paul Marie Konsebo e Sekhna Sylla (op. cit., p. 25) consideram que este sistema foi criado com o objetivo de reforçar o espírito de entreajuda e de solidariedade no seio do grupo, organizando o professor, de vez em quando, exercícios para o grupo. O professor pode também entrevistar os alunos em nome do grupo. Diz-se que é interdependente, como referem El-Habib Berra (2014, p. 39), Slavin, Lejk *et al.* e Isabelle Plante (2012, p. 260), não só porque se baseia na qualidade do trabalho realizado em conjunto, mas também porque o trabalho de cada membro afecta o feedback recebido por todos os membros do grupo.

Esta avaliação exige que os alunos se envolvam na correção e classificação dos seus próprios trabalhos de casa (ou que estes sejam previamente corrigidos por eles).

A este respeito, Pepper, citado por Olivier Rey *et al* (op. cit., p. 29), diz o seguinte: *do ponto de vista da avaliação das competências do século XXI, o trabalho cooperativo é, recorde-se, uma dimensão essencial: encorajar as actividades colectivas num domínio tão crucial é uma forma de habituar os alunos a trabalhar em conjunto num sector que parece espontaneamente marcado pela competição individual.*

Davis, citado por Dumas & Huguet e secundado por Olivier Rey *et al* (Ibid.), desenvolveu este ponto de vista, argumentando que os alunos se sentem menos bem sucedidos nas escolas selectivas. Estas observações deram origem ao conceito de "eu escolar" e ao efeito de contraste: "*é melhor ser um peixe grande num lago pequeno*" do que o contrário.

Com isto em mente, Gérard Mubangu (2015, p. 164) salienta que o trabalho de grupo também pode ser usado para avaliar o sucesso da aprendizagem. Isto é especialmente verdade porque é uma das estratégias implementadas pela PAP.

Este autor propõe uma comparação das formas de avaliação, adaptando-as à abordagem pedagógica.

1.4.3. Comparação da avaliação individual com a avaliação em grupo

Como acabámos de ver, as caraterísticas e os elementos destes dois tipos são identificados no quadro seguinte:

Quadro 5. Diferenciação entre avaliação em grupo e individual

Avaliação da equipa	Avaliação individual
✎ Interação entre estudantes ✎ Um espírito de coesão ✎ Situações sócio-cognitivas ✎ Jogo da interdependência ✎ Um espírito de solidariedade ✎ Um espírito de cooperação ✎ Um espírito de complementaridade ✎ Confiança no parceiro ✎ Sócio-construtivismo ✎ Colaboração entre estudantes ✎ E assim por diante.	✎ Sentimento de ser o melhor da turma ✎ Interesses pessoais ✎ Perceção de si próprio e não do grupo ✎ Sentido de concorrência ✎ Sentimento de ultrapassar os outros ✎ Isolamento do grupo ✎ Individualismo ✎ E assim por diante.

Fonte: Gérard Mubangu (Ibid., p.166)

1.5. ESTUDOS ANTERIORES

Como hoje em dia nada cai do céu como o *maná para os israelitas* no deserto, é evidente que o presente estudo nos obriga a recorrer a várias outras obras de referência, algumas das quais são :

1. François Le Menaheze (2002), *Coopérer ... pour apprendre ! La coopération entre élèves, la médiation de l'enseignant : un processus de co-construction des*

savoirs, tese de mestrado não publicada em Ciências da Educação, Universidade de Nantes . A sua investigação foi motivada pela seguinte questão: a ideia de que os alunos já não podem enfrentar sozinhos o conhecimento e o professor, mas que fazem parte de um processo de co-construção com outros (alunos e professor) ganhou terreno? Em relação a esta questão, François previu a resposta acima: o trabalho cooperativo produz efeitos positivos nas interações cognitivas dos alunos na sala de aula e que estas interações, no âmbito da sala de aula cooperativa, permitem a co-construção do conhecimento pelos alunos.

O objetivo do seu trabalho era observar as formas de cooperação e de interação dos alunos na sala de aula e compreender melhor os mecanismos envolvidos no processo de construção do conhecimento através da cooperação entre os alunos. Para o efeito, partiu da observação e de um questionário aberto. Após várias análises, chegou à conclusão não quantificada de que o trabalho de grupo é mais eficaz do que o trabalho individual.

2. Dunia citada por Gratien Mokonzi (2015b, pp. 37-38) que, para a sua dissertação DES, estudou o impacto do trabalho em equipa, uma das estratégias PAP, na aprendizagem dos alunos. Recolheu os dados para a sua dissertação no Collège Maele, em Kisangani, utilizando uma série temporal ou uma experiência longitudinal. Para o efeito, aplicou um teste de matemática com 10 perguntas. Este teste estava relacionado com o capítulo dos conjuntos no 1.º ciclo do ensino básico e foi aplicado 3 vezes antes da lecionação deste capítulo e novamente após a sua lecionação. A sua amostra era constituída por 20 alunos, 10 por turma. Os alunos do 1º ano A constituíam o grupo experimental e os do 1º ano B o grupo de controlo.

Os resultados médios obtidos pelos alunos destas duas turmas são os seguintes

- No pré-teste :

  Pré-teste1: $1^{\text{ère}}$ A (0,6) e $1^{\text{ère}}$ B (0,7)

  Pré-teste2: 1st A (1.6) e 1st B (1.6)

  Pré-teste3: 1° A (2,6) e 1° B (2,5)

- Pós-teste:

  Pós-teste1: 1º A (6,6) e 1° B (2,8)

Pós-teste2: 1º A (7,6) e 1º B (2,9)

Pós-teste3: 1º A (8,0) e 1º B (3,2)

Ao observar estas médias e após os testes estatísticos, apercebeu-se de que as duas turmas estavam inicialmente ao mesmo nível, mas curiosamente, logo após o pós-teste 1, começou a surgir uma diferença muito significativa, a favor do grupo experimental. Assim, chegou à conclusão de que o trabalho em equipa era mais eficaz do que o trabalho individual e acrescentou que essa eficácia era duradoura, tanto mais que as médias obtidas pelo grupo do 1.º A estavam constantemente a melhorar.

3. Gérard Mubangu Wa Kapala (2014), Rendement des méthodes de la PAP et de la pédagogie traditionnelle dans les écoles primaires de Bagira au TENAFEP 2011-2012, in *Cahiers du CERUKI, Nouvelle série* n° 45, CERUKI, Bukavu.

O objetivo deste artigo foi identificar os resultados dos métodos de ensino PAP e tradicional no desempenho dos alunos da escola primária de Bagira no TENAFEP 2011-2012, e os resultados das interações entre os alunos e entre estes e o professor durante as sequências de ensino.

Para o efeito, a investigação foi orientada pelas seguintes questões:

- Qual foi o desempenho dos alunos do 6º ano das escolas primárias de Bagira na sessão TENAFEP 2014-2012 utilizando o PAP ou o MPT?
- Quais são os resultados das interações entre os alunos durante uma sequência de ensino
- Quais são os resultados das interações entre o professor e os alunos durante uma sequência de ensino?

Para responder a estas questões, utilizou um método pré-experimental com dois grupos. A recolha de dados foi efectuada através da observação e da documentação. Quanto à análise, calculou as médias, as percentagens e os desvios-padrão, e a comparação das médias através do teste t de Student pôs fim a esta questão.

Assim, pelo t calculado de 6,200, que é superior ao t crítico de 1,87696, a H_0 foi rejeitada e isso permitiu-lhe concluir que os métodos PAP modificam significativamente os resultados dos alunos no TENAFEP na comuna de Bagira.

É de salientar que estas não são as únicas obras mencionadas acima, mas outras também influenciaram o presente de uma forma ou de outra. Por outras palavras, esta lista não é exaustiva.

Capítulo 2: QUADROS METODOLÓGICOS

Este capítulo trata da metodologia utilizada neste estudo para atingir os seus objectivos. Abrange a população do estudo, a amostra, a metodologia utilizada para recolher os dados e, finalmente, a forma como os dados foram analisados.

2.1. POPULAÇÃO DO ESTUDO

Como refere Gratien Mokonzi (2013, p. 38), a população de estudo ou população-mãe é um conjunto de todos os sujeitos que possuem caraterísticas específicas em relação aos objectivos do estudo ou da investigação. O autor acrescenta que esta pode ser finita ou não.

Como as estatísticas escolares para o ano corrente ainda não estão disponíveis, este trabalho encontra-se numa situação em que a população de estudo é infinita. Claramente, são os alunos do ensino secundário da rede protestante na província do Kivu Sul que fazem parte desta população, uma vez que são os PCE que beneficiam da formação PAP.

2.2 AMOSTRA

Segundo a ideia de Gilbert de Landsheere (1972, p. 251), *a amostragem consiste em escolher um número limitado de indivíduos, objectos ou acontecimentos cuja observação permite tirar conclusões (inferências) aplicáveis ao conjunto de referência (universo) no qual a escolha foi feita.*

Para o efeito, foi escolhido o Instituto Imani Panzi porque, como salienta Joseph Barafumwa (2015, p. 5), esta escola é uma das duas escolas secundárias reputadas por ter aplicado regularmente os métodos do PAP de todas as escolas da cidade que beneficiaram da referida formação. E dado que ainda há alguns professores nesta escola que não foram formados em PAP, e que as duas abordagens precisam de ser comparadas, esta é a escola que permite tirar conclusões que são aplicáveis a todos os PCE/EE.

É importante salientar que foi utilizada uma técnica de amostragem aleatória estratificada para selecionar uma amostra de 32 disciplinas ou alunos do 6.º ano do ensino secundário, numa proporção de 16 por turma, incluindo 16 para o PM e 16 no CA da referida escola. O procedimento foi o seguinte: depois de obter as listas para estas duas turmas, os pedaços de papel foram numerados em relação ao número de alunos de cada turma, dobrados e depois colocados em duas caixas de giz vazias, uma para os alunos do MP e outra para os alunos do CA. Esta operação permitiu sortear aleatoriamente até 16 peças por turma.

Foi através destes números que os nomes das disciplinas em causa foram consultados nas listas.

O gráfico abaixo resume a população de origem.

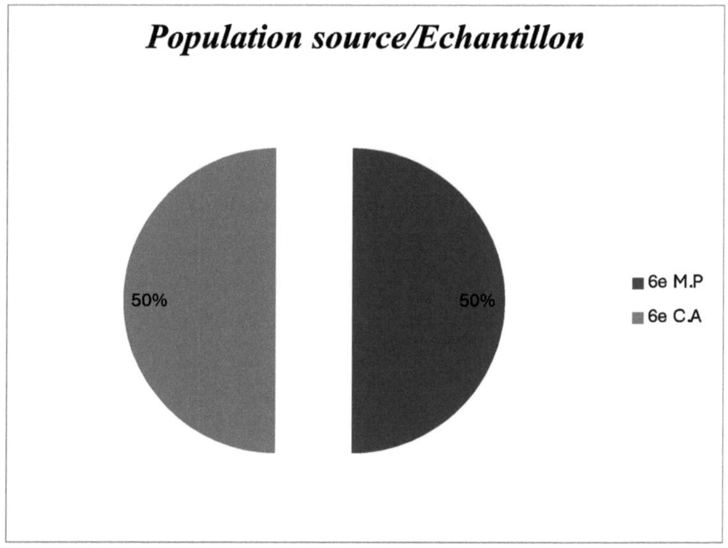

Figura 1. Amostra

2.3. METODOLOGIA

É de salientar que a técnica documental e o método experimental foram utilizados para recolher dados para este estudo a todos os níveis.

Assim, através de uma análise do material escrito, descobrimos uma série de textos que Christian Grêt (2009, pp. 46-47) sempre utilizou para formar os professores de PAP. A partir desta lista, este estudo utilizou um desses textos para administrar um teste de ditado em francês a alunos do 6º ano do ensino secundário no Institut Imani Panzi. Este teste foi aplicado em duas fases, a primeira das quais foi considerada o *pré-teste* e a segunda o *pós-teste.* O pré-teste foi aplicado individualmente às duas turmas, à mesma hora e na mesma sala, sob a supervisão dos professores e do investigador. O pós-teste foi realizado de duas formas diferentes: *individualmente* para o grupo de controlo e *em grupo* para o grupo experimental.

A escolha deste teste de ditado francês deve-se ao facto de ter sido sempre utilizado por Christian Grêt (Ibid., p. 44) para demonstrar aos profissionais do ensino que *o trabalho em grupo* é cada vez mais eficaz do que o trabalho individual. Dado que ele o administra a professores de todos os níveis (pré-primário, primário e secundário), a estudantes de ciências da educação e a diretores de escolas, um parágrafo do texto escolhido era suficiente para este trabalho a ser administrado aos alunos do 6º ano do ensino secundário.

Para tal, este trabalho utilizou a quase-experimentação de acordo com o *desenho experimental básico* para recolher dados empíricos. Por outras palavras, dado que a experiência será aplicada numa situação em que existem dois grupos, o nível de partida terá de ser testado para ambos e, após o tratamento, que no contexto deste estudo é o facto de *os alunos trabalharem juntos em pequenos grupos*, estes alunos farão o mesmo teste uma segunda vez para ver os progressos feitos por cada grupo/turma. Em termos gerais, a situação é a seguinte:

Figura 8. Desenho experimental básico

O_1	X	$O_{(2)}$ ↔ Grupo experimental
O_3		$O_{(4)}$ ↔ Grupo de controlo

Fonte: Gratien Mokonzi (2015b, p. 32)

Legenda:

- O_1: Observação n.º 1: pré-teste contra o grupo experimental ;
- O_2: Observação nº 2: pós-teste em relação ao grupo experimental
- X: Tratamento que representa *trabalho de grupo* para o Grupo Experimental
- O_3: Observação n.º 3: pré-teste comparado com o grupo de controlo
- O_4: Observação n.º 4: pós-teste comparado com o grupo de controlo

É importante notar que as Observações 1 e 3 são as observações do pré-teste, enquanto as Observações 2 e 4 são as observações do pós-teste.

É também de salientar que o professor responsável pela disciplina de Francês de todas estas turmas do 6º ano ainda não tem formação para o PAP. Perante este facto, foi feito um pedido à direção da escola e a resposta foi favorável, na medida em que esta aceitou que a professora responsável pela mesma disciplina do 1º ciclo, já formada na referida abordagem, fizesse algumas sequências didácticas com os alunos do grupo experimental e administrasse o posto de trabalho aos mesmos alunos, utilizando a forma de avaliação correspondente ao modelo sócio-construtivista.

No que diz respeito à classificação, foi acordado que, como o texto não era muito longo, um erro valia menos um (-1) porque estes alunos têm um "nível ligeiramente elevado". E o teste foi classificado de 10 em 10. Logo após o pós-teste, foi feita uma correção global (professores, alunos e investigador).

Para ser explícito, é importante salientar que o "desempenho do Grupo 1" foi aplicado para estes fins e o procedimento foi o seguinte:

Depois de o professor ter dado as instruções, ditou o texto e cada aluno trabalhou individualmente. Depois, os secretários dos diferentes grupos apresentaram-se para escrever os resultados dos seus grupos no TN. Depois de os outros membros dos grupos terem afirmado a lealdade dos seus secretários, o professor e os alunos identificaram os erros cometidos por cada grupo. Em suma, foram os resultados do trabalho efectuado em grupos de quatro que constituíram o objeto do pós-teste do presente estudo.

2.4. ANÁLISE DE DADOS

Para Humblet (1980, p. 117), esta fase consiste em resumir, sintetizar e classificar os dados recolhidos, tendo em conta as várias facetas do problema, nomeadamente a descrição das origens, causas e consequências. Léon Nguapitshi (2012, p. 40) acrescenta que os dados podem ser analisados manualmente ou através de um computador.

O SPSS foi utilizado para classificar, resumir e/ou sintetizar os dados recolhidos no terreno.

2.5. ANÁLISE DE DADOS

Uma vez contabilizados os dados, é necessário analisá-los
Tendo em conta a experiência realizada, é essencial efetuar uma análise bidirecional: *intergrupos*, para determinar a diferença causada ou não pelo tratamento, e *intragrupos*, para identificar as alterações efectuadas por cada grupo. O procedimento é o seguinte:

- Comparação intergrupos
  - ✓ As médias de O_1 e O_3 para determinar o nível de equivalência no início ;

- ✓ Médias de O_2 e O_4 para determinar os efeitos do tratamento

- Comparação intra-grupo :
  - ✓ As médias de O_2 e O_1 para determinar a alteração causada pelo tratamento (X) no grupo experimental;
  - ✓ As médias do O_4 e do O_3 para determinar o grau de evolução do grupo de controlo.

Uma vez que estamos a comparar o grupo experimental com o grupo de controlo, temos de aplicar o *teste t* de Dunnett. A fórmula é a seguinte:

$$t_d = \frac{|\overline{X}_j - \overline{X}_o|}{\sqrt{\frac{2\,ve}{n}}}$$

Legenda:

- ❖ $\overline{X}_j$ Média do grupo experimental ;
- ❖ $\overline{X}_o$ Média do grupo de controlo ;
- ❖ 2 : número de grupos ;
- ❖ *Ve*: variância do erro ou simplesmente variância ;
- ❖ *n*: número de indivíduos.

Capítulo Três: APRESENTAÇÃO, ANÁLISE DE DADOS E INTERPRETAÇÃO DOS RESULTADOS

Tal como se intitula, este capítulo inclui secções sobre a apresentação dos dados, a forma como foram analisados ou tratados e, finalmente, os resultados obtidos.

Numa situação em que a amostra é superior a 30, as normas estatísticas recomendam que os dados sejam agrupados. Para o efeito, utilizamos as tabelas e gráficos disponibilizados pelo software SPSS. Os dados são apresentados da seguinte forma:

3.1. OS RESULTADOS DO PRÉ-TESTE

3.1.1. *Grupo experimental*

Tabela 6. Frequências para O_1

	Frequências	Força de trabalho	Percentagem	Percentagem acumulada
Válido	0.00	5	31.3	31.3
	1.00	4	25.0	56.3
	2.00	2	12.5	68.8
	4.00	3	18.8	87.5
	5.00	1	6.30	93.8
	6.00	1	6.30	100.0
	Total	16	100.0	

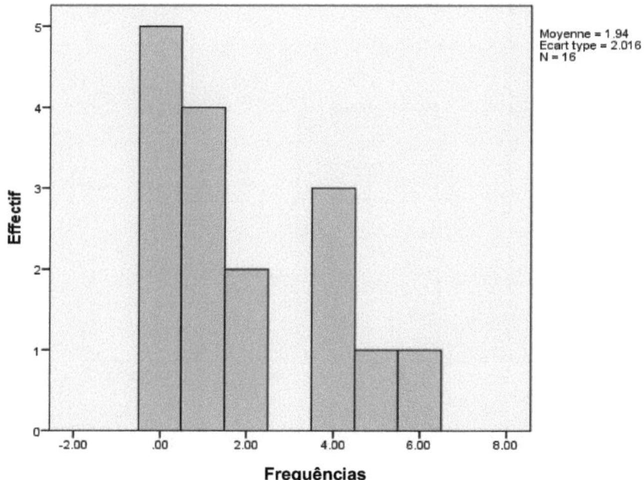

Gráfico 2. Resultados do pré-teste para o grupo experimental

A tabela e o gráfico mostram que, destes alunos, 5 (31,3%) obtiveram 0/10, 4 (25%) obtiveram 1/10, 2 (12,5%) obtiveram 2/10, 3 (18,8%) obtiveram 4/10, 1 (6,3%) obteve 5/10 e, finalmente, 1 obteve 6/10. Estes resultados dão uma taxa média de aprovação de 1,94 e um desvio padrão de 2,016.

3.1.2. *Grupo de controlo*

Tabela 7. Frequências para O_3

Frequências		Força de trabalho	Percentagem	Percentagem acumulada
Válido	0.00	6	37.5	37.5
	1.00	1	6.30	43.8
	2.00	3	18.8	62.5
	3.00	3	18.8	81.3
	4.00	1	6.30	87.5
	5.00	2	12.5	100.0
	Total	16	100.0	

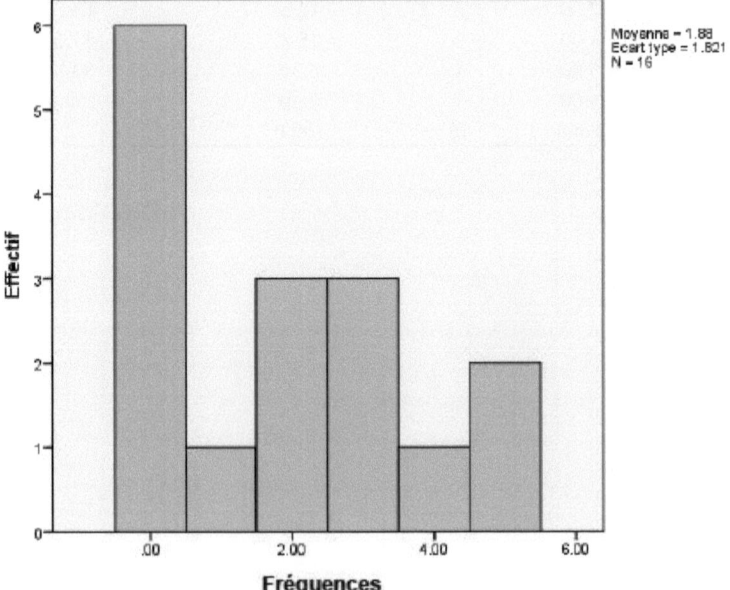

Gráfico 3. Resultados do pré-teste para o grupo de controlo

A tabela e o gráfico mostram que 6 alunos (37,5%) obtiveram 0/10, 1 aluno (6,3%) obteve 1/10, 3 alunos (18,8%) obtiveram 2/10, 3 alunos (18,8%) obtiveram 3/10, 1 aluno (6,3%)

obteve 4/10 e 2 alunos (12,5%) obtiveram 5/10. A taxa média de aprovação foi de 1,88 e o desvio padrão de 1,821.

Em resumo, a situação do pré-teste é apresentada no quadro seguinte:

Tabela 8. Estatísticas descritivas para o pré-teste

Grupos	N	Máximo	∑. Pontos	$\overline{X}$	Desvio padrão	Desvio	CV	Rdt.
Experimental	16	10	31	1.94	2.016	4.063	1.039	19.4
Controlo	16	10	30	1.88	1.821	3.317	0.969	18.8
Total	32							

Em relação à tabela acima, a soma obtida foi de 31 para o grupo experimental contra 30 para o grupo de controlo, além de que a média de aprovação obtida pelo grupo experimental foi de 1,94 contra 1,88 para o grupo de controlo. Quanto aos índices de dispersão, é importante notar que o desvio-padrão foi de 2,016 para o grupo experimental contra 1,88 para o grupo de controlo, a variância foi de 4,063 para o grupo experimental contra 3,317 para o grupo de controlo e, finalmente, o CV foi de 1,039 para o grupo experimental contra 0,969. Tendo em conta estes CV, é razoável dizer, de acordo com a interpretação proposta por Gratien Mokonzi (2015c, p. 47), que não existe homogeneidade nas duas turmas. Isto é tanto mais verdade quanto, nos dois grupos, o CV é muito superior a 0,30. Em suma, como o CV em todos estes grupos é superior a 0,30, as disparidades entre os alunos considerados são muito acentuadas. Por fim, o desempenho do grupo experimental foi de 19,4% contra 18,8% do grupo de controlo. Ao interpretar o desempenho, é importante referir a norma de 50%, que no nosso país é o ponto de partida para o sucesso. Como nem todas estas duas turmas conseguiram atingir esta percentagem, devem ambas ser consideradas *ineficazes* em relação ao ditado francês no pré-teste

3.2. RESULTADOS DO PÓS-TESTE

3.2.1. Grupo experimental

Tabela 9. Frequências para O_2

Frequências	Trabalhadores	Percentagem	Percentagem acumulada

Válido	5.00	4	25.0	25.0
	6.00	12	75.0	100.0
	Total	16	100.0	

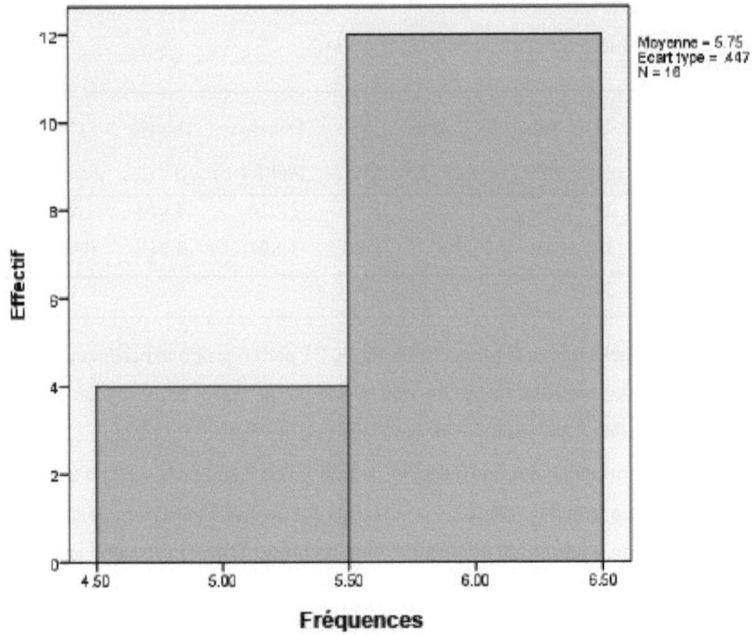

Gráfico 4. Resultados do pós-teste para o grupo experimental

A partir desta tabela e deste gráfico, é de notar que 4 alunos (25%) obtiveram 5/10, contra 12 (75%) que obtiveram 6/10. A pontuação média deste grupo foi de 5,75, com um desvio padrão de 0,447.

3.2.2. Grupo de controlo

Tabela 10. Frequências relativas a O_4

Frequências		Força de trabalho	Percentagem	Percentagem acumulada
Válido	0.00	7	43.8	46.7
	2.00	3	18.8	66.7

	4.00	3	18.8	86.7
	5.00	1	6.30	93.3
	8.00	1	6.30	100.0
	Total	15	93.8	
Em falta	Sistema em falta	1	6.30	
Total		16	100.0	

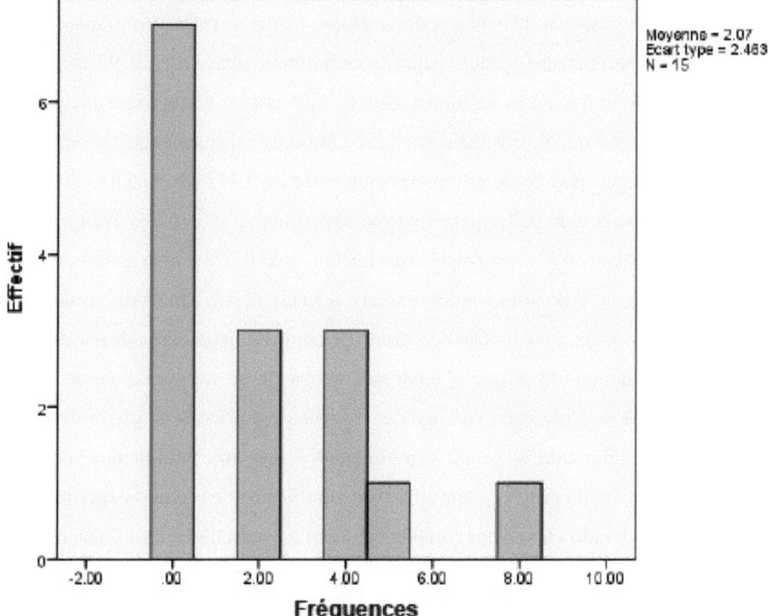

Gráfico 5. Resultados do pós-teste para o grupo de controlo

Relativamente a esta observação, 7 alunos (43,8%) obtiveram 0/10, 3 (18,8%) obtiveram 2/10, os outros 3 (18,8%) obtiveram 4/10, 1 (6,3%) obteve 5/10 e, finalmente, 1 obteve 8/10. A média de aprovação foi de 2,07 e o desvio padrão foi de 2,463.

O quadro seguinte resume os resultados do pós-teste:

Tabela 11. Estatísticas descritivas para o pós-teste

Grupos	N	Máximo	$\sum$. Pontos	$\overline{X}$	Desvio padrão	Desvio	CV	Rdt.

Experimental	16	10	92	5.75	0.447	0.200	0.078	57.5
Controlo	15	10	31	2.07	2.463	6.067	1.189	20.7
Total	31							

Para esta segunda fase, houve uma ligeira discrepância com a amostra, sobretudo porque um dos alunos do grupo de controlo não compareceu. Por este motivo, em vez de 16, foram considerados apenas 15 sujeitos deste grupo. Como se pode ver no quadro acima, o importante é recordar que o grupo experimental obteve uma soma de 92 contra 31 do grupo de controlo, o que dá as seguintes médias: 5,75 para o grupo experimental e 2,07 para o grupo de controlo. No que diz respeito aos índices de dispersão que nos interessam, digamos que o desvio padrão do grupo experimental é de 0,447 contra 2,463 do grupo de controlo; a variância é de 0,200 para o grupo experimental e de 6,067 para o grupo de controlo e, finalmente, o CV do grupo experimental é de 0,078 e o do grupo de controlo é de 1,189. Como o CV do grupo experimental é inferior a 0,15, não há disparidades entre os alunos considerados, mas no caso do grupo de controlo, há ligeiras disparidades. Isto significa que podemos dizer que a tendência acaba de se inverter a favor do grupo experimental, que se torna cada vez mais homogéneo em relação ao grupo de controlo. Em termos de rendimento, o grupo experimental obteve um rendimento pós-teste de 57,5%, contra 20,7% do grupo de controlo. Isto significa que é o grupo experimental que merece ser considerado *eficaz*, em comparação com o grupo de controlo, que continua a obter um rendimento muito inferior a 50%. O grupo de controlo é, portanto, considerado *ineficaz* nesta situação.

3.3. APRESENTAÇÃO E INTERPRETAÇÃO DOS RESULTADOS

Agora que todos os dados foram apresentados, classificados e resumidos, é altura de os analisar e processar.

Recorde-se que o teste t de Dunnet será utilizado para efetuar as análises relativas às diferentes comparações que nos são recomendadas em função do desenho experimental ou da montagem utilizada para esta investigação. Estas comparações são as seguintes:

3.3.1. Comparações intergrupais

Estas comparações consistem em identificar as diferenças entre o grupo experimental e o grupo de controlo em função do momento em que o teste foi realizado. Assim, uma comparação de médias para o pré-teste e outra para o pós-teste.

3.3.1.1. Comparação dos efeitos do pré-teste (0_1 - 0_3)

Com base nos cálculos efectuados, o $t_{(d)}$ que encontrámos é 0,088. Como este t_d *calculado* é inferior ao $t_{(d)}$ *crítico* no limiar de 5% (2,04), podemos ver que o $t_{d\ (cal)}$ está dentro da zona de aceitação. Em termos simples, como o $t_{(d\ (cal)\ :)}$ < (0,088) $t_{d\ (tab).05}$, aceitamos a hipótese H_0. A aceitação da hipótese nula significa que não há diferença significativa entre o grupo experimental e o grupo de controlo no pré-teste. Ou, muito simplesmente, o nível de partida dos alunos do 6º CA e do 6º MP é homogéneo.

3.3.1.2. Comparação dos efeitos dos tratamentos (0_2 - 0_4)

Após os nossos cálculos, encontrámos um t_d de 5,795. Uma vez que este $t_{(d)}$ *calculado* é superior ao $t_{(d)}$ *crítico* no limiar de 5%, rejeitamos a hipótese nula. >Em termos simplificados, podemos dizer: como $t_{d\ (cal)}$ $t_{d\ (tab).05}$, rejeitamos a hipótese H_0.

A rejeição da H_0 significa que existe uma diferença significativa entre o grupo experimental e o grupo de controlo. Assim, podemos dizer que o tratamento (trabalho de grupo) tem um impacto positivo no resultado do grupo experimental.

3.3.2. Comparações dos efeitos intragrupo

No que diz respeito a este ponto, o objetivo é analisar a evolução de cada grupo, ou seja, estabelecer uma relação entre os resultados do pré-teste e os do pós-teste em cada grupo independentemente do outro.

3.3.2.1. Comparação dos efeitos do grupo experimental (0_2 - 0_1)

Dado que o $t_{(d)}$ calculado de 7,33 é superior ao $t_{(d)}$ crítico no limiar de 5%, faz sentido rejeitar a hipótese nula e aceitar a hipótese alternativa, especialmente porque o valor de 7,33 está dentro da zona de rejeição da curva.

Esta terceira comparação mostra que H_0 continua a ser rejeitada, o que significa que o nível do grupo experimental no pós-teste melhorou significativamente em comparação com o pré-teste.

3.3.2.2. Comparação dos efeitos do grupo de controlo (0_4 - 0_3)

Os nossos cálculos mostram que t_d é 0,244. Como este resultado é inferior ao $t_{(d)}$ crítico no limiar de 5%, devemos aceitar a hipótese nula, tanto mais que o valor calculado se encontra na zona de aceitação da curva.

Aceite aqui$H_{(0)}$ significa que não existem diferenças pronunciadas entre a taxa média de aprovação obtida por este grupo no pré-teste e a da estação de teste.

Capítulo 4: DISCUSSÃO DOS RESULTADOS

Através de comparações de médias, o objetivo era detetar qual destas duas modalidades de trabalho tinha um impacto positivo no sucesso dos alunos em relação à outra. Por outras palavras, o objetivo destas análises era verificar a influência que a forma de avaliação poderia ter nos resultados dos alunos, contrastando a avaliação em grupo, uma estratégia utilizada na abordagem PAP, com a avaliação individual ou selectiva, frequentemente utilizada na abordagem PT.

Por conseguinte, este capítulo está estruturado em torno dos pontos seguintes:

4.1.GRUPO EXPERIMENTAL

Como indicado na secção (3.3.2.1.), o resultado é que o t_d calculado é muito superior ao $t_{(d)}$ crítico no limiar de 5%. Esta situação leva-nos a concluir que os alunos deste grupo evoluíram.

Figura 9. Trabalho em grupo

Na imagem acima, os alunos da turma do 6º ano do ensino fundamental do Instituto Imani Panzi trabalham num clima de ajuda mútua, cooperação,...

Com base em vários estudos de laboratório, Jean Paul Roux (n.d) salienta que *as interações entre pares* em situações de resolução de problemas desempenham um papel *construtivo* nas competências cognitivas individuais. Acrescenta que, qualquer que seja o nível do colaborador (inferior, igual ou superior), a dinâmica das trocas entre alunos produz benefícios cognitivos significativos.

Para tal, Céline Buchs *et al* (2004, p.172) afirmam que: *a interdependência social representa uma situação em que os indivíduos têm um objetivo comum, e o resultado de cada um é afetado pelo resultado dos outros.*

Independentemente da apreensão dos alunos e das dificuldades inerentes à avaliação do trabalho de grupo, Mello, citando Anastassis Kozanitis (2005b, p. 1), apresenta cinco razões a favor da utilização do trabalho de grupo e da sua avaliação. A autora considera que este tipo de trabalho permite aos alunos :

- Adquirir uma compreensão exacta da dinâmica de grupo;
- Efetuar trabalhos em maior escala do que os trabalhos individuais ;
- Desenvolver as competências interpessoais ;
- Ser confrontado com diferentes pontos de vista e
- Preparar melhor os alunos para as exigências do mundo real.

Concluamos este ponto com Perret-Clermont, citado por François Le Menaheze (op. cit., p. 93), para quem qualquer prática pedagógica que tenda a individualizar o ensino deve, ao mesmo tempo, basear-se *numa intensificação das interações sociais entre os alunos*

4.2.GRUPO DE CONTROLO

O resultado apresentado no ponto (3.3.2.2.), que calcula o t_d como estando situado na zona de aceitação da tabela, significa que somos obrigados a aceitar a hipótese nula. Isto significa que não existe uma diferença significativa entre as médias do pré-teste e do pós-teste para estes alunos. Por outras palavras, não se verificou qualquer alteração no desempenho dos alunos deste grupo.

Figura 10. Trabalho individual

Para Merle, citado por Olivier Rey *et al* (op.cit, pp. 10-11), *a escola é uma espécie de grande estação de triagem e de etiquetagem das pessoas em função das suas competências.* A sociedade de mérito é, portanto, inevitavelmente uma sociedade de medida. Maulini, citado por estes autores, salienta que esta forma de encarar a avaliação é o resultado da pedagogia jesuíta que, para o autor, *se caracteriza pela disciplina, repetição* e *competição perpétua entre os alunos.* Estes autores estabelecem um paralelo com o modelo elitista que se desenvolveu sob a influência do mandarinato chinês, marcado pela meritocracia através de concursos para a seleção dos administradores do Império. O ranking tornou-se um critério essencial para julgar um aluno dentro de uma determinada hierarquia (turma, grupo, escola, ...).

4.3.COMPARAÇÃO ENTRE O GRUPO EXPERIMENTAL E O GRUPO DE CONTROLO

Dado que o tratamento deve ser avaliado sobretudo pelo pós-teste, é evidente que o pós-teste é um momento importante no processo de decisão. E é assim através do ponto (3.3.1.2.) que se apresenta o resultado de que *o* t_d calculado é superior ao t_d crítico. Em termos de diferença, este resultado prova que os alunos que trabalharam em grupo tiveram um melhor desempenho do que os seus colegas que trabalharam tradicionalmente ou individualmente.

Depois de comparar a forma como os alunos trabalham, Baudrit cita François Le Menaheze (op.cit, p. 104), que escreve o seguinte *Muitas crianças falham quando trabalham sozinhas; saem-se melhor na presença de um colega.* Acrescenta que a situação diádica é, portanto, suscetível de oferecer um espaço interativo heterogéneo, um espaço propício ao encontro de diferentes formas de pensamento.

O Luxemburgo, citado por Serres e retomado por Olivier Rey *et al* (op. cit., p. 8), apresenta a constante amarga *de que a maioria dos professores está profundamente convencida de que os alunos só aprendem sob a ameaça de más notas, adiamentos e repetições.* No entanto, Barrère, que estes autores citam, constata que muitos professores consideram a avaliação como uma *tarefa*, simbolizada pelos maços de cópias, e como um domínio de atividade a limitar para que não se sobreponha a outras actividades de ensino. Assim, na opinião de Rémond (2008), citado por Olivier Rey *et al* (op. cit., p. 7), *a avaliação só é válida se contiver informações que possibilitem novas aprendizagens e se os professores as utilizarem para ajustar o seu ensino.* Para além do aspeto de aprendizagem e ajustamento mencionado por este autor, Smith, citado por Natalie Younes (2015, p. 7), acrescenta que o aspeto subsequente importante que pode ser promovido por uma boa avaliação é o aspeto profissional.

É por isso que é óbvio dizer aos professores que pensam assim que hoje, através do processo de avaliação, é tempo de ver as coisas de outra maneira, e isto à luz da nova filosofia que está a ser seguida não só pelo sistema educativo congolês, mas por sistemas educativos de todo o mundo, segundo a qual as pessoas devem ser formadas para serem úteis não só a si próprias, mas também à sociedade. Por outras palavras, quaisquer que sejam as suas qualidades, os seus trunfos, etc., ele tem uma necessidade infinita de alguém (grande ou pequeno). Em suma, é tempo de formar as crianças para serem cooperantes, porque amanhã estarão no mundo profissional onde serão chamadas a trabalhar com os outros.

Para concluir, Maria-Alice Médioni, citada por Frédéric Arthur (n.d), Claude Ernest Njoya e Gratien Mokonzi (2016), diz que o objetivo do trabalho de grupo não é responder a uma questão simples ou que possa ser resolvida individualmente. Em vez disso, o objetivo deste tipo de trabalho é abrir caminhos de solução, apresentar hipóteses, algo que só pode ser feito com outros se quisermos ter vários caminhos e hipóteses tão variadas quanto possível. Como é evidente, o trabalho de grupo só deve ser aplicado a conceitos complexos e não a conceitos pequenos ou simples que o aluno pode resolver sozinho.

CONCLUSÃO

Este estudo, que comparou a avaliação em grupo segundo o "modelo sócio-construtivista" com a avaliação individual ou selectiva dos alunos do 6º ano do ensino secundário do Instituto Imani Panzi na prova de ditado de francês, chegou ao fim. Inicialmente, limitou-se à seguinte questão: *a utilização do modelo sócio-construtivista (PAP ou trabalho de grupo) no processo de avaliação tem uma influência significativa no desempenho académico dos alunos?* Para tal, o objetivo era perceber em que medida a prática da PAP é eficaz no processo de avaliação dos resultados académicos dos alunos. Ou, muito simplesmente, compreender a influência que as APMs podem ter no desempenho dos alunos. Especificamente, pretendeu-se identificar ou compreender, através dos dados recolhidos, a necessidade da PAP que outros técnicos de educação atribuem a esta nova abordagem pedagógica. Em suma, o objetivo deste trabalho é divulgar a importância do PAP hoje em dia nas práticas de ensino, não só em Bukavu, mas também, se possível, em toda a RDC.

Para o efeito, teste de ditado de francês foi escolhido como instrumento de trabalho para a recolha de dados práticos (dados de campo), tendo sido aplicado a uma amostra de 32 alunos de duas turmas do 6º ano do ensino secundário do Instituto Imani Panzi em duas ocasiões. Em suma, a análise documental através de uma análise quase-experimental permitiu a este trabalho obter dados do terreno.

Uma vez recolhidos os dados, procedeu-se à análise comparativa das médias através do teste t de Dunnett. Os resultados destas análises foram os seguintes: estatisticamente, as médias de sucesso foram de 1,94 para o grupo experimental e de 1,88 para o grupo de controlo, e estas, utilizando o teste t de Dunnett, levaram a que o $t_d$calculado (0,088) fosse inferior ao $t_d$crítico no limiar de 5% (2,04), e como este $t_{d\,(cal)}$ se situa dentro da zona de aceitação, foi normal aceitar a hipótese nula. Isto significa que não houve diferença significativa no pré-teste entre os dois grupos. Surpreendentemente, houve uma diferença significativa no pós-teste, com o resultado de que a taxa média de aprovação para o grupo experimental foi de 5,75, em comparação com 2,07 para o grupo de controlo. O $t_{(d)}$ calculado (5,786) foi significativamente mais elevado do que o $t_{(d)}$ crítico no limiar de 0,05 (2,04).

Quanto às comparações intragrupo, também se verificou que a mudança foi mais acentuada no grupo experimental do que no grupo de controlo. Em suma, a turma considerada como grupo experimental melhorou significativamente o seu desempenho em relação ao grupo de controlo.

Estes resultados, que mostram uma vantagem absoluta para o grupo experimental, confirmam a hipótese de que a utilização de métodos PAP no processo de avaliação tem uma influência significativa nos resultados dos alunos. Por outras palavras, a aplicação do modelo sócio-construtivista ao trabalho dos alunos permite-lhes obter melhores resultados do que quando trabalham sozinhos.

Tendo em conta o que precede, surgiram as seguintes sugestões:

- ★ O governo congolês deveria pôr em prática o que tem vindo a dizer desde sempre sobre o seu envolvimento na aplicação dos métodos PAP nas escolas congolesas, que chegaram a um impasse e para o qual estes métodos são um remédio eficaz.
- ★ As autoridades da USK, em geral, e da FPSE, em particular, deveriam também seguir os passos da ULPGL, que, consciente da necessidade desta abordagem, manifestou o seu pedido de formação dos seus estudantes de ciências da educação, a fim de assegurar a sua formação inicial não só como conselheiros, administradores e/ou inspectores de professores, mas também como professores devidamente formados.
- ★ O CP-ECP/SK e os seus parceiros envolvidos na introdução do PAP na RDC devem não só concentrar a sua atenção nas escolas das cidades e aldeias mais próximas das cidades, mas também alargar esta abordagem às escolas mais afastadas das cidades.
- ★ Cabe aos professores formados no PAP e aos que ainda não foram formados reforçar a sua coesão e continuar a trabalhar em sinergia, ajudando-se mutuamente para alcançar a excelência nas escolas congolesas, da qual esta abordagem é uma parte importante.

Nesta secção, é importante parafrasear as palavras de Gérard Barnier (op. cit., p. 3), embora a nossa investigação tenda a enfatizar o PAP, que deriva dos trabalhos de Piaget e Vygotsky, de que não existe uma forma absoluta que seja fundamentalmente melhor do que outra: tudo depende dos objectivos a atingir, do conteúdo a trabalhar, das pessoas com quem trabalhamos, das condições institucionais em que nos encontramos enquanto professores, etc.

É também imperativo dizer que este estudo não é um evangelho que diz "ámen". Isto quer dizer que teve algumas fraquezas, algumas das quais são: um número reduzido de amostras, um período experimental curto, etc. Estes e outros elementos não mencionados podem ipso facto influenciar as conclusões retiradas deste estudo. Por esta razão, é essencial que estes aspectos sejam revistos na nossa investigação futura, ou que outros investigadores a enriqueçam com estudos futuros.

Para concluir, vale a pena salientar que ninguém ignora que existem imperfeições a todos os níveis da atividade humana. Para o efeito, o autor convida os seus leitores a serem tolerantes e, se possível, a enviarem-lhe comentários construtivos que o ajudem a melhorar. Obrigado pela vossa atenção!

REFERÊNCIAS BIBLIOGRÁFICAS

Aboubaker N. A. (2009), *L'évaluation scolaire : d'une conception à l'autre,* [em linha] em http://edufle.net (página consultada em 20 de novembro de 2015).

Arthur Fr. (n.d), *Le travail de groupe*, notas de síntese não publicadas, Académie de Nantes.

Barnier G. (n.d.), *Théories de l'apprentissage et pratiques d'enseignement*, conferência não publicada, IUFM d'Aix-Marseille.

Barafumwa B. J. (2015), *Rapport succinct du suivi d'applicabilité de la PAP dans les écoles de la Ville de Bukavu*, relatório não publicado pela CP-ECP/SK.

Berra El-Habib (2014), *Travail de groupe dans l'apprentissage du FLE au secondaire : techniques et enjeux*, tese de mestrado não publicada, Universidade de El-Oued.

Bercier-Larivière M. e Forgette-Giroux R. (1999), L'évaluation des apprentissages scolaires : une question de justeesse, in *Revue canadienne de l'éducation* (pp. 169-182) n° 24, 2.

Bloche *et al* (1999), *Grand dictionnaire de la psychologie*, Paris, Larousse.

Campanale F. (2001), *Quelques éléments fondamentaux sur l'évaluation*, curso não publicado, IUFM Grenoble.

CNESCO (2014), L'*évaluation des élèves par les enseignants dans la classe et les établissements: réglementation et pratiques. An international comparison in OECD countries*, Paris: CNESCO.

Buchs C., Filiseti L., Butera F. e Quiamzade A. (2004), Comment l'enseignant peut-il organiser le travail de groupe ? in Gentaz E. & Ph. Dessus (Eds.), *Comprendre les apprentissages. Sciences cognitives et éducation* (pp. 168-183). Paris: Dunod.

Buchs C., Lehraus K. e Butera F. (2006), Quelles interactions sociales au service de l'apprentissage en petits groupes, in E. Gentaz & Ph. Dessus (Eds.), *Apprentissage en enseignement. Sciences cognitives et éducation* (pp. 183-199), Paris: Dunod.

Cusset P.Y. (2014), *Les pratiques pédagogiques efficaces : Conclusion des recherches*, Documento de trabalho n.º 2014-01, France Stratégie.

Delors J. *et al* (1998) *Education: un trésor est caché dedans,* Paris: Unesco

Dessus Ph. (2007), *Organiser le travail en groupe : Débattre et apprendre,* Séminaire d'analyse des pratiques d'enseignement/apprentissage non publié, IUFM Grenoble, [em linha] em http://www.upmf-grenoble.fr (página consultada em 30 de fevereiro de 2014).

De Landsheere G. (1972), *Introduction à la recherche en éducation*, Paris: Armand Colin Bourrelier.

El-Hage F. (2013), *Manuel de pédagogie universitaire*, Mission de pédagogie universitaire, Université Saint-Joseph de Beyrouth

Fórum Europeu da Juventude (2013), *Quality education policy paper*, Assembleia Geral Extraordinária realizada em Salónica, Grécia, de 21 a 24 de novembro de 2013.

Germain-Rutherford A. (n.d.), *Les modalités d'évaluation des acquis*, Notas não publicadas, Universidade de Ottawa, Canadá Middlebury College, EUA

Girault Isabelle (2007) *Théories d'apprentissage et Théories didactiques*, curso de mestrado não publicado em didática das ciências.

Grêt C. (2006a), *Perception de la PAP en milieu africain par les enseignants et les autorités scolaires. Contribution à l'évaluation d'une expérience pédagogique*, dissertação de mestrado não publicada, FPSE, UNIKIS.

Grêt C. (2006b), *Formação de professores para o PAP no meio africano, Elaboração do portfolio para a formação de formadores*, Tese de doutoramento não publicada, FPSE, UNIKIS.

Grêt C. (2009), *Le système éducatif africain en crise*, Paris: Harmattan.

Grêt C. (n.d), *Pédagogie active et participative*, [em linha] em http://www.pedagogie-active-partivipative.org (página consultada em 31/01/2014)

Hanna D., David I. e Francisco B. (Eds., 2010), *How do we learn? Da investigação à prática*, CRIE - OCDE.

Houssaye, J. (1999), *Théories et pratiques de l'éducation scolaire (I), Triangle pédagogique*, 2th edition, Berne: Editions scientifiques européennes.

Humblet J. E (1980), *Comment se documenter*, Bruxelas: Ed. Labour.

Inspection générale (2010), *Les grands courants de la pédagogie moderne*, Módulo de formação para diretores de escolas secundárias e conselheiros pedagógicos.

IREM de Toulouse (n.d), *Comment apprend-on ? Análise de situações didácticas em matemática no colégio*, notas não publicadas.

Kambale N. D. (2016), PAP: Quelles exigences pour quel impact? in *l'éducation de l'E.E.C et de la C.B.C.A face aux défis et aux exigences des grands courants de la pédagogie dans un contexte d'insécurité et de dépravation des mœurs*, workshop não publicado.

Konsebo P.M. & Sylla S. (2015), *Pédagogie des grands groupes,* Module d'autoformation pour les formateurs de formateurs du Burkina Faso.

Kozanitis A. (2005a), *Les principaux courants théoriques de l'enseignement et de l'apprentissage : un point de vue historique*, Bureau d'appui pédagogique de l'école polytechnique de Montréal.

Kozanitis A. (2005b), *Lévaluation du travail en équipe*, Bureau d'appui pédagogique de l'école polytechnique de Montréal.

Kozanitis A. (2015), *Pédagogie collégiale*, Vol 28, n°4.

Labédie G. & Amossé G. (2013), *Constructivisme ou socio-constructivisme ?* [em linha] em http://gamosse.free.fr/socioconstruct/Rp70110.htm (página consultada em 19/01/2014).

Lavoie A., Drouin M. e Héroux S. (2012), La pédagogie coopérative : une approche à redécouvrir, in *Pédagogie collégiale* (pp. 4-8), Vol. 25, No. 3.

Le Coultre R. (n.d), *Socio-construtivismo no modelo socio-construtivista, como é que o conhecimento é construído?* [em linha] em http://edutechwiki.unige.ch (acedido em 20/02/2016)

Le Menaheze F. (2002), *Coopérer ... pour apprendre ! La coopération entre élèves, la médiation de l'enseignant : un processus de co-construction des savoirs,* tese de mestrado não publicada em Ciências da Educação, Universidade de Nantes.

MINEPSP (2012), *Ecole amie des enfants,* Module de formation des enseignants sur école amie des enfants et la pédagogie active, Kinshasa: Diretion des Programmes Scolaires et Matériel Didactique.

Ministério da Educação, do Lazer e do Desporto do Québec (2006), *L'évaluation des apprentissages au secondaire. Cadre de référence*, © Gouvernement du Québec.

Mokonzi Gr. B. (2006), La pédagogie active et participative au chevet de l'école congolaise, in *Ecole démocratique,* Mise à jour du 20 avril 2006.

Mokonzi Gr. B. (2009), *De l'école de la médiocrité à l'école de l'excellence au Congo Kinshasa*, Paris: Harmattan.

Mokonzi Gr. B. (2013), *Méthodologie de recherche en sciences sociales et pédagogiques*, curso não publicado, FPSE, USK/Bukavu.

Mokonzi Gr. B. (2015a), *Docimologie*, curso não publicado, FPSE, USK/Bukavu.

Mokonzi Gr. B. (2015b), *Pédagogie expérimentale*, curso não publicado, FPSE, USK/Bukavu.

Mokonzi Gr. B. (2015c), *Questions approfondies de la planification de l'enseignement*, Curso não publicado, FPSE, USK/Bukavu.

Morandi Fr. & La Borderie R. (2006), *Dictionnaire de la pédagogie*, Paris: Nathan.

Mubangu K. G. (2014), Rendement des méthodes de la PAP et de la pédagogie traditionnelle dans les écoles primaires de Bagira au TENAFEP 2011-2012, in *Cahiers du CERUKI,* Nouvelles séries, n° 45, pp.156-161, Bukavu: CERUKI.

Mubangu K. G. (2015), Evaluation en groupe " Modèle socio- constructiviste " et évaluation individuelle des élèves de 4ème années de l'EPA Bwindi à l'épreuve de mathématique numération 2013-2014, in *Cahiers du CERUKI,* Nouvelles séries, n° 47, pp.159-167, Bukavu: CERUKI.

Mubangu K. G. e Birindwa M. H. (2015), Attitudes des enseignants à l'application des méthodes de la PAP dans les écoles primaires de Bukavu, in *Cahiers du CERUKI,* Nouvelles séries, n° 49, pp.119-132, Bukavu: CERUKI.

Nguapitshi K. Léon (2012), *Initiation à la recherche scientifique*, curso não publicado, USK/Bukavu.

Njoya C. E. & Mokonzi Gr. B. (2016) *Mission d'évaluation du projet promotion du management scolaire et formation en PAP,* Relatório preliminar não publicado, CP-ECP/SK.

Plante I. (2012), L'apprentissage coopératif : des effets positifs sur les élèves aux difficultés liées à son implantation en classe, in *Canadian Journal of Education*, (pp. 252 - 283), 35, 3.

Rey O. e Feyfant A. (2014). *Évaluer pour (mieux) former. Dossier de veille de l'IFÉ,* n°94, setembro. Lyon: ENS de Lyon.

Roux J.P (n.d), *Socio-constructivisme et apprentissages scolaires,* [em linha] em http://dcalin.fr (consultado em 20/12/2015)

Romainville M. (2002), *L'évaluation des acquis des étudiants dans l'enseignement universitaire*, Paris: Haut Conseil de l'Evaluation de l'Ecole.

Unesco (2014), *Teaching and Learning: Achieving Quality for All,* Paris: Unesco.

Unicef (2009), *Child Friendly School Manual,* Nova Iorque: Unicef

Younes N. (2009), Multi dimensionnalité de l'évaluation de l'enseignement universitaire dans la littérature anglophone, in Véronique Bedin, *L'évaluation à l'université. Avaliar ou aconselhar?* Presses Universitaires de Rennes.

ANNEXES

Apêndice 1.

Texto selecionado para ditado

Texto de Rousseau, extraído de Le *discours sur l'origine et le fondement de l'inégalité parmi les hommes* (1755) e reproduzido por Christian Grêt (2009, p. 46).

Em primeiro lugar, parece que os homens neste estado, não tendo qualquer tipo de relação moral entre si, nem qualquer dever conhecido, não podem ser bons nem maus, nem ter vícios nem virtudes.

Concluamos que, vagueando pelas florestas, sem indústria, sem fala, sem casa, sem guerra, sem relações, sem necessidade dos seus semelhantes e sem desejo de os prejudicar, talvez mesmo sem nunca reconhecer nenhum deles individualmente, o homem selvagem, sujeito a poucas paixões e autossuficiente, tinha apenas os sentimentos e as luzes próprias deste estado; que sentia apenas as suas verdadeiras necessidades, olhava apenas para o que julgava ser do seu interesse ver, e que a sua inteligência não progredia mais do que a sua vaidade. Se por acaso fizesse uma descoberta, podia comunicá-la, tanto mais que nem sequer reconhecia os seus filhos. A arte pereceu com o inventor. Não havia educação, não havia progresso; as gerações multiplicavam-se inutilmente, e cada uma partia sempre do mesmo ponto, os séculos passavam-se com toda a rudeza das primeiras idades, a espécie já era velha, e o homem permanecia sempre uma criança

Apêndice 2

Certificado de investigação

UNIVERSITE SIMON KIMBANGU DE BUKAVU

N° 35, Avenue KIBOMBO/MAJOR- VANGU
Arrêté MINISTÉRIEL N°MINESURS/CABMIN/042/2008
E-Mail : univsimonk2005@yahoo.fr
www.uskbukavu.com

FACULTE DE PSYCHOLOGIE ET SCIENCES DE L'EDUCATION
ATTESTATION DE RECHERCHE N° ....USK/BKV/V - R/20.16...

L'(les) étudiant (e) (s) :

1. KYABENE MAKONGA
4. ....
3. ....
4. ....
5. ....

Régulièrement inscrit (e) (s) en DEUXIÈME .. Année de Graduat/Licence au Département de SCIENCES DE L'EDUCATION
Option : ADMINISTRATION ET INSPECTION SCOLAIRE à l'Université SIMON KIMBANGU de BUKAVU, USK/BKV en sigle, est (sont) autorisé (e) (s) de se rendre dans les institutions diverses (étatiques, para - étatiques et privées) suivantes :

1. INSTITUT IMANI (PANZI)
2. ....
3. ....
4. ....
5. ....

Pour des fins de recherche scientifique tel que le prévoit le programme d'enseignement dans le cadre de :

1. MÉMOIRE DE LICENCE
2. ....
3. ....
4. ....
5. ....

Nous vous le (s) (la) recommandons à ce titre et vous prions de bien vouloir le (s) (la) recevoir et lui (leur) fournir les renseignements dont il (elle) (s) a (ont) besoin et lui (leur) venir en aide en cas de nécessité.

Fait à Bukavu, le 09/05/2016

Pour la Faculté,

Le Vice - Doyen.

Anexo 9

Certificado de investigação

yes
I want morebooks!

Buy your books fast and straightforward online - at one of world's fastest growing online book stores! Environmentally sound due to Print-on-Demand technologies.

Buy your books online at
www.morebooks.shop

Compre os seus livros mais rápido e diretamente na internet, em uma das livrarias on-line com o maior crescimento no mundo! Produção que protege o meio ambiente através das tecnologias de impressão sob demanda.

Compre os seus livros on-line em
www.morebooks.shop

info@omniscriptum.com
www.omniscriptum.com

Printed by Books on Demand GmbH, Norderstedt / Germany